普通高等教育"十一五"规划教材

Access 数据库技术与应用
实验指导

聂玉峰　张铭晖　廖建平　主编

科学出版社

北　京

内 容 简 介

本书是与《Access 数据库技术与应用》配套的实验指导教材。全书分为两部分:第一部分为实验指导,由 15 个实验组成,突出 Access 的实际应用和操作,通过实验可以使学生掌握开发数据库应用系统的方法和过程;第二部分是习题解答,与教材各章内容相对应,供学生课后练习使用。

本书面向非计算机专业的学生,可作为其学习数据库课程的实验教学用书,也可作为 Access 数据库应用技术自学者的参考书及全国计算机等级考试培训的实验指导教材。

图书在版编目(CIP)数据

Access 数据库技术与应用实验指导/聂玉峰,张铭晖,廖建平主编—北京:科学出版社,2009

普通高等教育"十一五"规划教材

ISBN 978-7-03-024831-2

Ⅰ.A…　Ⅱ.①聂…②张…③廖…　Ⅲ.关系数据库管理系统,Access-高等学校-教学参考资料　Ⅳ.TP311.138

中国版本图书馆 CIP 数据核字(2009)第 102837 号

责任编辑:张颖兵/责任校对:梅　莹
责任印制:彭　超/封面设计:苏　波

科 学 出 版 社 出版

北京东黄城根北街 16 号
邮政编码:100717
http://www.sciencep.com

武汉市新华印刷有限责任公司印刷
科学出版社发行　各地新华书店经销

*

2009 年 6 月第　一　版　　开本:787×1000　1/16
2009 年 6 月第一次印刷　　印张:14 3/4
印数:1—4000　　　　　　字数:314 000

定价:24.80 元
(如有印装质量问题,我社负责调换)

前　言

本书与《Access 数据库技术与应用》一书相配套,目的在于帮助学生深入理解教材内容,巩固基本概念,培养学生的动手操作能力,让读者了解 Access 的操作及运行环境,从而切实掌握 Access 的应用。

本书分为两个部分:第一部分为实验指导,共编写了 15 个实验,配合教材的各章内容,从建立空数据库开始,逐步建立库中的各种对象,直至完成一个完整的小型数据库管理系统,最后两个实验是综合应用练习,可作为学生期末课程设计范例;第二部分是习题解答,与教材各章内容相对应,参照计算机二级标准,并附有参考答案,以期对希望参加Access 数据库应用技术等级考试(二级)的读者有所帮助。

本书实验在结构安排上由以下 4 个部分组成:

- 实验目的。提出实验的要求和目的,即各部分内容需要掌握的程度。
- 实验内容。根据对应章节的知识点给出实验内容,通过实验内容巩固所学的理论知识。
- 实验步骤。给出详细具体的操作步骤,配合图例,引导读者一步步完成实验内容。
- 课后练习。配合实验内容,让学生在课后独立完成,使学生进一步提高操作水平,能够熟练掌握教材上所学的知识。

我们希望通过这种操作、思考加练习的方式,能起到一种抛砖引玉的作用,从而为学生在以后的学习中打下一个良好的基础。

本书由聂玉峰、张铭晖、廖建平主编,参加本书编写工作的有边小勇、何亨、李红斌、廖雪超、田萍芳、吴志祥、余志兵、周溶等。全书由聂玉峰统稿。

本书所有实验都在 Access 2003 中运行通过,鉴于本书篇幅有限,不可能涵盖 Access数据库技术的所有内容。因编写时间仓促以及作者水平有限,书中难免出现疏漏之处,恳请同行及读者批评指正,在此表示衷心感谢。

编　者

2009 年 4 月

目 录

第一部分 实 验 指 导

第二部分 习 题 解 答

第一部分
实 验 指 导

学习数据库课程的目的是为了能够运用数据库技术来解决实际问题。不但要掌握数据库技术的理论知识,而且应该熟练地掌握从调查分析到创建数据库再到操纵数据库的整个过程。因此,必须十分重视实践环节,并保证足够的实验时间和较好的实验质量。本课程实验的基本要求如下:

1. 实验前的准备工作

在实验前应预先做好准备工作,以提高实验的效率。准备工作至少应包括以下几个方面:

(1) 复习和掌握与本实验有关的教学内容。

(2) 准备好实验所需的素材,如进行数据库设计所需要的数据,进行数据库操作所需要的数据库及其有关对象等。应尽量采用从教学活动、实际生产活动或者日常生活中收集来的数据,而不要任意编造,应从一开始就保持严谨的科学作风。

(3) 对实验中可能出现的问题应预先做出估计,对实验安排中有疑问的地方应做上记号,以便在实际操作时给予注意或加以验证。

2. 实验过程中应注意的问题

在实验过程中,除了要有积极向上的学习态度,认真细致的工作作风之外,还要注意以下几个问题:

(1) 清楚地理解当前工作的目的和意义。

(2) 尝试用各种不同的方法来解决问题,不必一定采用示例中的方法。

(3) 注意分析和比较各实验之间的联系和区别、共性和个性。

(4) 注意分析实验中出现的各种现象,总结成功或失败的经验,寻找今后努力的方向。

实验一　数据库的创建与操作

『实验目的』

1. 熟悉 Access 的工作界面。
2. 熟悉 Access 菜单栏和工具栏的功能。
3. 掌握 Access 工作环境的设置。
4. 理解数据库的基本概念。
5. 熟练掌握数据库的创建方法和过程。

『实验内容』

1. 启动 Access。
2. 定义自己的工具栏。
3. 创建一个**图书查询管理系统**数据库。
4. 将**图书查询管理系统**数据库的默认文件夹设置为 **E:\Access** 实验。
5. 利用向导创建一个**讲座管理**数据库。

『实验步骤』

1. 启动 Access

单击**开始**菜单**程序**级联菜单 **Microsoft Office Access 2003** 命令项，或者双击桌面上已创建好的 Access 快捷方式图标，启动 Access。

2. 定义自己的工具栏

（1）显示或隐藏工具栏的实验步骤如下：

① 单击**视图**菜单**工具栏**级联菜单中**自定义**命令项，弹出**自定义**对话框；

② 在**工具栏**选项卡中，选定或清除相应的工具栏复选框；

③ 单击**关闭**按钮，观察 Access 主窗口的变化。

（2）修改现有的工具栏的实验步骤如下：

① 添加工具按钮：在**自定义**对话框**命令**选项卡左边的**类别**列表中选定一种工具类

别,在右边的命令列表中按住所需的工具按钮不放,将其拖曳至工具栏空白处,观察 Access 主窗口中工具按钮的变化。

② 删除工具按钮:将不需要的工具按钮从工具栏上直接拖放到工具栏之外,观察 Access 主窗口中工具按钮的变化。

3. 创建一个空的数据库

创建一个空的**图书查询管理系统**数据库,实验步骤如下:

① 单击**文件**菜单中**新建**命令项,再单击**新建文件**任务窗格中**空数据库**超链接,弹出**文件新建数据库**对话框,如图 1.1 所示;

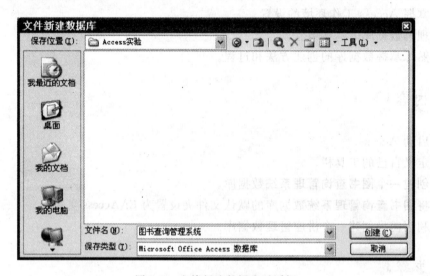

图 1.1 **文件新建数据库**对话框

② 在**保存位置**下拉列表框中,指定文件的保存位置为 E:**Access 实验**,在**文件名**组合框输入数据库文件名**图书查询管理系统**,单击**创建**按钮,弹出数据库窗口,如图 1.2 所示。

4. 设置默认文件夹

将**图书查询管理系统**数据库的默认文件夹设置为 E:**Access 实验**,实验步骤如下:

① 在 Access 主窗口中,单击**工具**菜单中**选项**命令项,弹出**选项**对话框;

② 在**常规**选项卡**默认数据库文件夹**文本框中输入默认的工作文件夹路径 E:**Access 实验**,如图 1.3 所示;

③ 单击**确定**按钮,完成设置。

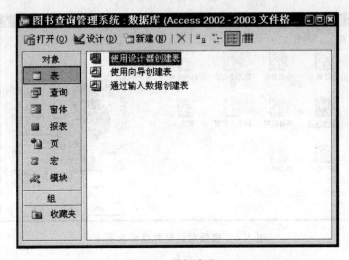

图 1.2　数据库窗口

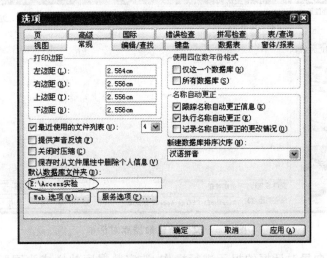

图 1.3　选项对话框常规选项卡

5. 利用向导创建数据库

利用向导创建一个**讲座管理**数据库,实验步骤如下:

① 启动 Access 数据库系统,在**新建文件**任务窗格中单击**本机上的模板**超链接,弹出**模板**对话框,选定**数据库**选项卡,如图 1.4 所示;

② 选定**讲座管理**模板,然后单击**确定**按钮,弹出**文件新建数据库**对话框,如图 1.5 所示;

③ 在**保存位置**下拉列表框中,指定文件的保存位置为 E:**Access 实验**,在**文件名**组合框中输入数据库文件名**讲座管理**,单击**创建**按钮;

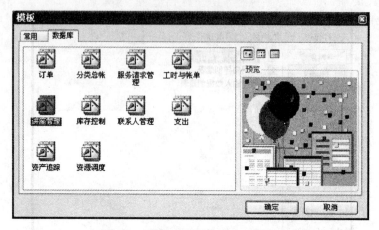

图 1.4　**模板**对话框**数据库**选项卡

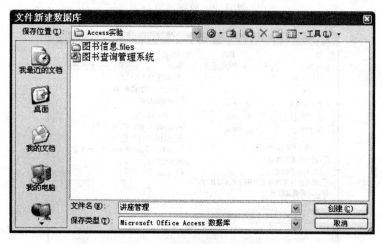

图 1.5　**文件新建数据库**对话框

　　④ **按数据库向导**对话框的提示进行操作，选定数据库的样式为**国际**、报表的打印样式为**正式**，在数据库**标题**对话框中设置标题的名字为**讲座管理**，在最后一个对话框中选定构建完数据库之后启动该数据库；

　　⑤ 查看**讲座管理**数据库中所包含的各种对象。

『课后练习』

　　1. 创建一个名为**商品销售管理系统**的文件夹。

　　2. 在**商品销售管理系统**文件夹中，创建一个名为**商品销售管理**的空数据库。

实验二　数据表的创建与维护

『实验目的』

1. 熟练掌握数据表的多种创建方法。
2. 掌握字段属性的设置。
3. 掌握修改数据表结构的相关操作。
4. 熟练掌握数据表内容的输入方法及技巧。
5. 掌握调整数据表外观的方法。

『实验内容』

1. 利用表设计器创建一个空表，名为**图书信息表**，表的结构如表 2.1 所示。

表 2.1　图书信息表结构

字段名称	数据类型	字段大小	字段名称	数据类型	字段大小
图书编号	文本	10	价　　格	数字	单精度型
书　　名	文本	20	页　　码	数字	整型
类别代码	文本	5	登记日期	日期/时间	短日期
出 版 社	文本	20	是否借出	是/否	默认
作　　者	文本	10			

2. 输入**图书信息表**数据内容。
3. 将图 2.1 所示的 Excel 表导入为**图书查询管理系统**中的表对象。

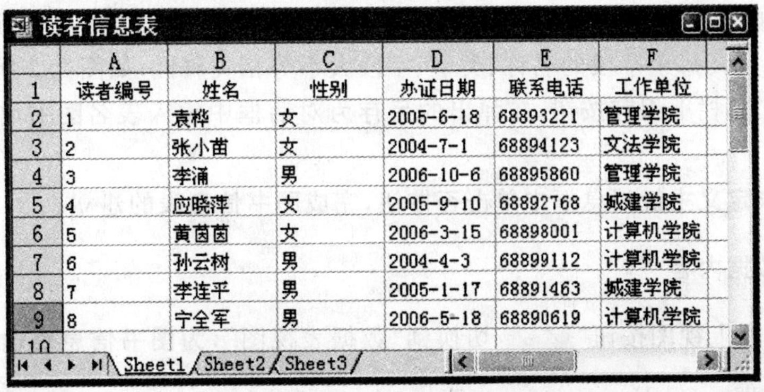

	A	B	C	D	E	F
1	读者编号	姓名	性别	办证日期	联系电话	工作单位
2	1	袁桦	女	2005-6-18	68893221	管理学院
3	2	张小苗	女	2004-7-1	68894123	文法学院
4	3	李涌	男	2006-10-6	68895860	管理学院
5	4	应晓萍	女	2005-9-10	68892768	城建学院
6	5	黄茵茵	女	2006-3-15	68898001	计算机学院
7	6	孙云树	男	2004-4-3	68899112	计算机学院
8	7	李连平	男	2005-1-17	68891463	城建学院
9	8	宁全军	男	2006-5-18	68890619	计算机学院
10						

图 2.1　读者信息表

4. 用直接输入数据的方法创建**图书类别表**。

5. 分别按表 2.2 和 2.3 修改**图书类别表**和**读者信息表**的表结构。

表 2.2　图书类别表结构

字段名称	数据类型	字段大小	字段名称	数据类型	字段大小
类别代码	文本	5	借出天数	数字	整型
图书类别	文本	10			

表 2.3　读者信息表结构

字段名称	数据类型	字段大小	字段名称	数据类型	字段大小
读者编号	文本	10	办证日期	日期/时间	短日期
姓　　名	文本	10	联系电话	文本	8
性　　别	文本	1	工作单位	文本	20

6. 设置**读者信息表**中**性别**字段的默认值、有效性规则和有效性文本。

7. 在**读者信息表**中插入一个照片字段,并为每一个记录添加 OLE 类型数据——照片。

8. 冻结**图书信息表**中的**书名**列。

9. 隐藏**图书信息表**中的**页码**及**登记日期**字段。

10. 设置**读者信息表**的格式。

『实验步骤』

1. 利用表设计器创建空表

利用表设计器创建一个名为**图书信息表**的空表,实验步骤如下:

① 打开**图书查询管理系统**数据库;

② 在数据库窗口中选定**表**对象,然后双击**使用设计器创建表**,打开"设计视图"窗口,按表 2.1 逐一定义每个字段的名称、类型、字段大小等相关属性,如图 2.2 所示;

③ 单击工具栏上**保存**按钮,在弹出的**另存为**对话框中输入表名**图书信息表**,然后单击**确定**按钮;

④ 在**尚未定义主键**消息框中单击**否**按钮,完成**图书信息表**的建立。

2. 输入数据内容

单击工具栏上**视图**按钮" ",切换到"数据表视图",为**图书信息表**输入数据内容,如图 2.3 所示。

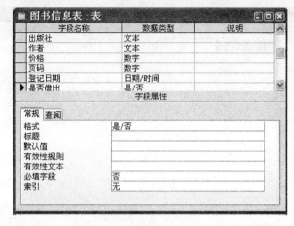

图 2.2 **图书信息表**设计视图窗口

	图书编号	书名	类别代码	出版社	作者	价格	页码	登记日期	是否借出
	1	大学计算机基础	001	高等教育出版社	陈建勋	28	296	2006-9-10	☐
	2	C语言大学实用教程	001	电子工业出版社	黄远林	29	335	2007-2-17	☑
	3	Visual FoxPro数据库基	001	科学出版社	聂玉峰	29.8	307	2007-7-3	☐
	4	计算机网络技术	002	中国铁道出版社	宋文官	25	232	2005-5-12	☑
	5	数据库系统概论(第三版	002	高等教育出版社	萨师煊	32.8	413	2005-6-19	☐
	6	计算机学报	003	科学出版社	计算机学报	12	35	2007-11-8	☑
	7	计算机应用与软件	003	计算机应用与软件	计算技术研究所	10	30	2006-3-15	☐
	8	计算机组成原理	002	科学出版社	白中英	33	308	2006-10-6	☐
✎	9	数据结构	002	清华大学出版社	刘大有	24.7	212	2007-4-2	☐
*									☐

记录：|◀ ◀ 9 ▶ ▶| ▶* 共有记录数：9

图 2.3 **图书信息表**窗口

3. 通过导入 Excel 工作表创建表

将图 2.1 所示的 Excel 表导入为**图书查询管理系统**中的表对象,实验步骤如下:

① 右击数据库窗口空白处,在弹出的快捷菜单中选择**导入**命令项;

② 在**导入对话框查找范围**组合框中确定导入文件所在的文件夹为 E:**Access 实验**,在**文件类型**下拉列表框中选定 **Microsoft Excel**,在文件列表中选定**读者信息表**文件,如图 2.4 所示;

③ 单击**导入**按钮,弹出**导入数据表向导**对话框,按向导提示一步步完成导入 Excel 工作表的操作,将新建的表命名为**读者信息表**。

4. 用直接输入数据的方法创建表

用直接输入数据的方法创建**图书类别表**,实验步骤如下:

图 2.4　导入对话框

① 在数据库窗口中选定**表**对象,然后双击**通过输入数据创建表**,显示一张空白表;

② 在**表 1** 窗口中输入记录数据内容,如图 2.5 所示;

图 2.5　**表 1** 窗口

③ 单击工具栏上**保存按钮**,在弹出的**另存为**对话框中输入表名**图书类别表**,然后单击**确定按钮**;

④ 在**尚未定义主键**消息框中单击**否按钮**,完成**图书类别表**的建立。

5.修改表结构

分别按表 2.2 和 2.3 修改**图书类别表**和**读者信息表**的表结构,实验步骤如下:

① 在数据库窗口中选定**图书类别表**,单击**设计按钮**,打开该表的设计窗口;

② 按表 2.2 重新定义每个字段的**字段名称**、**数据类型**及**字段大小**等相关属性;

③ 单击表设计器窗口中的**关闭按钮**,保存对**图书类别表**表结构的修改,返回数据库窗口;

④ 在数据库窗口中选定**读者信息表**,单击**设计**按钮,打开该表的设计窗口;

⑤ 按表 2.3 的要求修改各字段的**数据类型**和**字段大小**等相关属性;

⑥ 单击表设计器窗口中的**关闭**按钮,保存对**读者信息表**表结构的修改,返回数据库窗口。

6. 设定默认值及有效性文本

将**读者信息表**中性别字段的默认值设置为**男**,将允许值范围定义为**男或女**,并设置有效性文本,实验步骤如下:

① 在数据库窗口中选定**读者信息表**,单击**设计**按钮,打开该表的设计窗口;

② 选定**性别**字段,在**默认值**文本框中输入"**男**"(注意不要忘了引号);

③ 单击**有效性规则**文本框右侧的**生成器**按钮"□",打开**表达式生成器**,输入[**性别**]＝"**男**" OR [**性别**]＝"**女**",如图 2.6 所示;

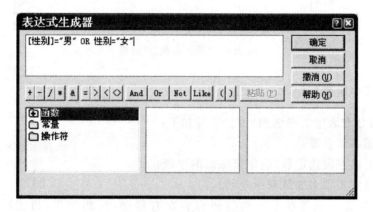

图 2.6　表达式生成器

④ 在**有效性文本**框中输入"**性别只能是男或女**"(注意:错误信息必须用英文双引号括起来);

⑤ 单击工具栏上**保存**按钮,完成属性设置。

切换到数据表视图,查看**读者信息表**最后一行**性别**字段中出现的默认值。在**性别**字段中输入其他字符,验证有效性规则。

7. 插入 OLE 类型数据字段

在**读者信息表**中插入一个照片字段,并为每一个记录添加 OLE 类型数据——照片,实验步骤如下:

① 在"**设计视图**"窗口中打开**读者信息表**;

② 将光标移动到最后一个字段的后面,然后单击工具栏上**插入行**按钮"弄";

③ 在新插入行的**字段名称**列中输入**照片**,在**数据类型**列设置其类型为 OLE **对象**;

④ 单击工具栏上**保存**按钮,保存所做的修改;

⑤ 切换到"数据表视图",选定某个记录的**照片**字段,单击**插入**菜单中**对象**命令项,弹出"插入对象"对话框,选择"位图图像",找到要插入的图片,单击**确定**按钮,如图 2.7 所示,重复进行该操作,为每个记录加入一张照片。

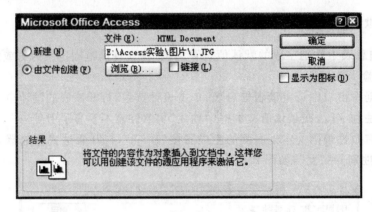

图 2.7 "插入对象"对话框

8. 冻结表中的列

冻结**图书信息表**中的**书名**列,实验步骤如下:

① 双击**图书信息表**;

② 单击**书名**字段选定器,选定要冻结的字段;

③ 单击**格式**菜单中**冻结列**命令项;

④ 拖动滑块或单击水平滚动按钮将表左右移动,观察效果,再将冻结字段解除冻结。

9. 隐藏表中的字段

隐藏**图书信息表**中的**页码**及**登记日期**字段,实验步骤如下:

① 选定**页码**和**登记日期**字段;

② 单击**格式**菜单中**隐藏列**命令项;

③ 观察结果,再取消隐藏。

10. 设置表的格式

设置**读者信息表**的格式,实验步骤如下:

① 双击**读者信息表**;

② 将**读者信息表**的字体、字型、字号及颜色分别调整为隶书、粗体、四号及深蓝色;

③ 单击**格式**菜单中**数据表**命令项,弹出**设置数据格式**对话框,如图 2.8 所示;

图 2.8 **设置数据格式**对话框

④ 在**设置数据格式**对话框中，设置单元格效果为平面，网格线为蓝色，背景为白色；

⑤ 单击**确定**按钮，完成对数据表的格式设置。

『课后练习』

1. **商品销售管理**数据库的关系模型如下：

员工(<u>员工号</u>,姓名,性别,出生日期,部门,工资,联系电话,照片)

商品(<u>商品号</u>,商品名,单位)

销售单(<u>销售号</u>,员工号,销售日期)

销售名细(<u>销售号,商品号</u>,数量,价格)

以上各关系中，下划线表示该字段或字段的组合为该关系的主键。根据上面所示关系模型，在**商品销售管理**数据库中分别建立**员工、商品、销售单**和**销售明细** 4 个表。

2. 根据实际需求，分别设定各表中字段的数据类型、有效性规则、有效性文本等内容。如在有效性规则中，**性别**只能是**男**或**女**，**价格**和**数量**的值必须大于或等于 0 等。

实验三　数据表的排序与索引

『实验目的』

    1. 掌握各种筛选记录的方法。
    2. 掌握表中记录的排序方法。
    3. 掌握索引的种类及建立方法。
    4. 掌握表间关联关系的建立。

『实验内容』

    1. 使用"按选定内容筛选"方法，显示**图书信息表**中所有**出版社**为**科学出版社**的图书记录。

    2. 使用"按窗体筛选"方法，显示**图书信息表**中所有**出版社**为**科学出版社**，且**是否借出**值为**是**的图书记录。

    3. 使用"按筛选目标"方法，显示**图书信息表**中所有**价格**在 28 元以上的图书记录。

    4. 使用"高级筛选/排序"方法，显示**图书信息表**中所有**出版社**不是**科学出版社**，且**价格**在 28 元以上的图书记录。

    5. 对**图书信息表**中的记录按**价格**字段为降序排列。

    6. 对**图书信息表**中的记录按**出版社**和**价格**两个字段排序，其中**出版社**字段为升序，**价格**字段为降序。

    7. 对**图书信息表**中的**图书编号**字段创建唯一索引。

    8. 对**图书信息表**中的**出版社**和**书名**字段创建普通索引。

    9. 删除对**图书信息表**中的**出版社**和**书名**字段所创建的普通索引。

    10. 将**读者信息表**中的**读者编号**字段设置为主键。

    11. 建立**借阅信息表**，并将表中**读者编号**、**图书编号**和**借书日期**字段设置为主键。

    12. 建立各个表之间的联系：
    (1) 建立主表**读者信息表**与从表**借阅信息表**间的一对多联系；
    (2) 建立主表**图书信息表**与从表**借阅信息表**间的一对多联系；
    (3) 建立主表**图书类别表**与从表**图书信息表**间的一对多联系。

『实验步骤』

1. 按选定内容筛选

使用"按选定内容筛选"方法,显示**图书信息表**中所有**出版社**为**科学出版社**的图书记录,实验步骤如下:

① 在"数据表视图"窗口中打开**图书信息表**;

② 在数据表中选定**科学出版社**单元格;

③ 单击工具栏上**按选定内容筛选按钮**"▽",结果如图 3.1 所示;

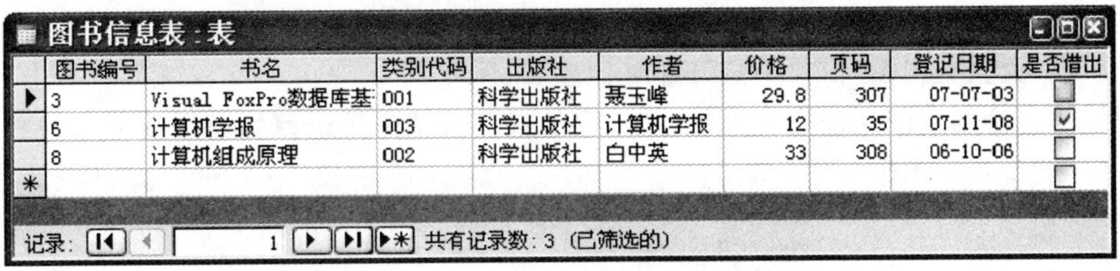

	图书编号	书名	类别代码	出版社	作者	价格	页码	登记日期	是否借出
▶	3	Visual FoxPro数据库基	001	科学出版社	聂玉峰	29.8	307	07-07-03	☐
	6	计算机学报	003	科学出版社	计算机学报	12	35	07-11-08	☑
	8	计算机组成原理	002	科学出版社	白中英	33	308	06-10-06	☐
＊									☐

记录: ◀◀ ◀ 　　　　1　▶ ▶◀ ▶＊ 共有记录数: 3 (已筛选的)

图 3.1　筛选后的**图书信息表**

④ 单击**取消筛选按钮**"▽",回到筛选前的状态。

2. 按窗体筛选

使用"按窗体筛选"方法,显示**图书信息表**中所有**出版社**为**科学出版社**,且**是否借出**值为**是**的图书记录,实验步骤如下:

① 在"数据表视图"窗口中打开**图书信息表**;

② 单击工具栏上**按窗体筛选按钮**"▲",打开**图书信息表:按窗体筛选**窗口;

③ 单击**出版社**字段,在列表中选定**科学出版社**,然后再单击**是否借出**字段,选定复选框,如图 3.2 所示;

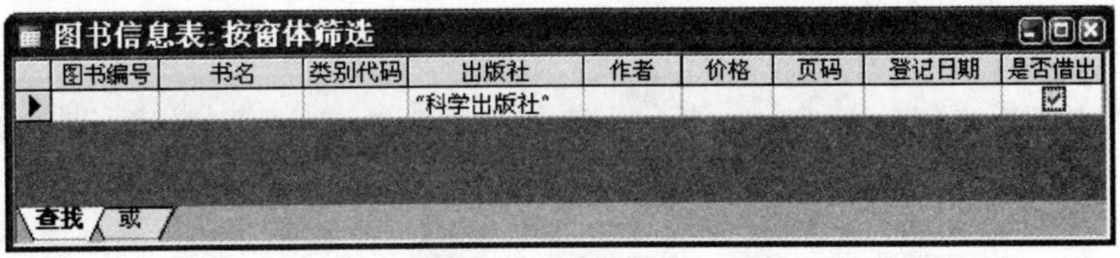

	图书编号	书名	类别代码	出版社	作者	价格	页码	登记日期	是否借出
▶				"科学出版社"					☑

查找 / 或 /

图 3.2　**图书信息表:按窗体筛选**窗口

④ 单击工具栏上**应用筛选按钮**"▽",结果如图 3.3 所示;

⑤ 单击**取消筛选按钮**"▽",回到筛选前的状态。

图书信息表：表
图书编号 书名 类别代码 出版社 作者 价格 页码 登记日期 是否借出
6 计算机学报 003 科学出版社 计算机学报 12 35 07-11-08
记录：1 共有记录数：1 (已筛选的)

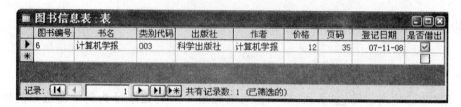

图 3.3　筛选后的**图书信息表**

3. 按筛选目标

使用"按筛选目标"方法，显示**图书信息表**中所有**价格**在 28 元以上的图书记录，实验步骤如下：

① 在"数据表视图"窗口中打开**图书信息表**；

② 右击**价格**字段列任意单元格，在弹出的快捷菜单中**筛选目标**命令选项后的文本框内输入条件**>28**，如图 3.4 所示；

按选定内容筛选(S)
内容排除筛选(X)
筛选目标(F)： >28
取消筛选/排序(R)
升序排序(A)
降序排序(D)
剪切(T)
复制(C)
粘贴(P)
汉字重选(V)
插入对象(I)...
超链接(H)

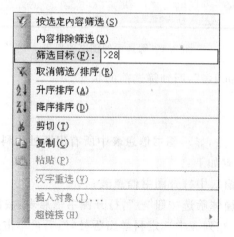

图 3.4　快捷菜单

③ 按 **Enter** 键执行筛选，结果如图 3.5 所示。

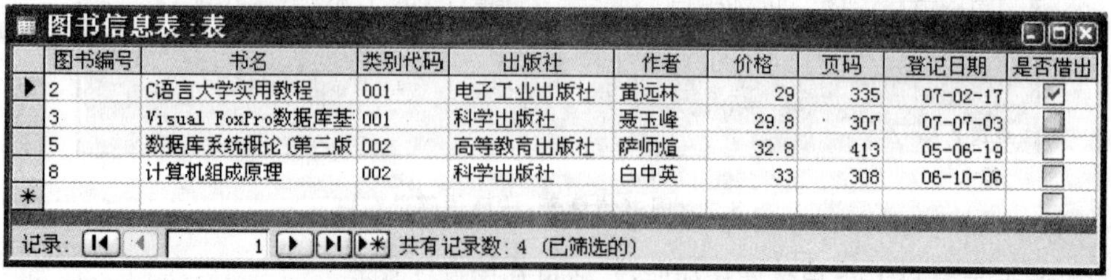

图书信息表：表
图书编号 书名 类别代码 出版社 作者 价格 页码 登记日期 是否借出
2 C语言大学实用教程 001 电子工业出版社 黄远林 29 335 07-02-17
3 Visual FoxPro数据库基 001 科学出版社 聂玉峰 29.8 307 07-07-03
5 数据库系统概论(第三版 002 高等教育出版社 萨师煊 32.8 413 05-06-19
8 计算机组成原理 002 科学出版社 白中英 33 308 06-10-06
记录：1 共有记录数：4 (已筛选的)

图 3.5　按"筛选目标"筛选结果

4. 高级筛选/排序

使用"高级筛选/排序"方法,显示**图书信息表**中所有**出版社**不是**科学出版社**,且**价格**在 28 元以上的图书记录,实验步骤如下:

① 在"数据表视图"窗口中打开**图书信息表**;

② 单击**记录**菜单**筛选**级联菜单中**高级筛选/排序**命令项,打开**筛选**窗口;

③ 在设计网格中,单击第一列的**字段**栏,在字段列表中选定要筛选的**出版社**字段,在**条件**栏内输入筛选条件 <>"**科学出版社**";

④ 单击第二列的**字段**栏,在字段列表中选定**价格**字段,在**条件**栏内输入筛选条件 **>28**,如图 3.6 所示(如果要求排序,可以在**排序**栏内选择排序方式;如果两个字段是或的关系,那么其中一个条件要输入在**或**行内);

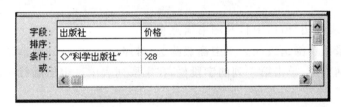

图 3.6　**筛选**窗口的设计网格

⑤ 单击工具栏上**应用筛选**按钮"Y",结果如图 3.7 所示。

图书编号	书名	类别代码	出版社	作者	价格	页码	登记日期	是否借出
2	C语言大学实用教程	001	电子工业出版社	黄远林	29	335	07-02-17	☑
5	数据库系统概论(第三	002	高等教育出版社	萨师煊	32.8	413	05-06-19	☐

记录: 14 ◀ 　　　 1 ▶ ▶I ▶* 共有记录数: 2 (已筛选的)

图 3.7　**高级筛选/排序**的筛选结果

5. 按单字段排序

对**图书信息表**中的记录按**价格**字段为降序排列,实验步骤如下:

① 在"数据表视图"窗口中打开**图书信息表**;

② 选定**价格**字段,单击工具栏上**降序**按钮"Z↓",排序结果如图 3.8 所示。

③ 单击**记录**菜单中**取消筛选/排序**命令项,将记录恢复到排序前的顺序。

6. 按多字段排序

对**图书信息表**中的记录按**出版社**和**价格**两个字段排序,其中**出版社**字段为升序,**价格**字段为降序。由于参与排序字段的位置不在一起,而且要求对这两个字段分别按升序和

图书信息表：表

	图书编号	书名	类别代码	出版社	作者	价格	页码	登记日期	是否借
▶	8	计算机组成原理	002	科学出版社	白中英	33	308	06-10-06	☐
	5	数据库系统概论(第三	002	高等教育出版社	萨师煊	32.8	413	05-06-19	☐
	3	Visual FoxPro数据库	001	科学出版社	聂玉峰	29.8	307	07-07-03	☐
	2	C语言大学实用教程	001	电子工业出版社	黄远林	29	335	07-02-17	☑
	1	大学计算机基础	001	高等教育出版社	陈建勋	28	296	06-09-10	☐
	4	计算机网络技术	002	中国铁道出版社	宋文官	25	232	05-05-12	☑
	9	数据结构	002	清华大学出版社	刘大有	24.7	212	07-04-02	☐
	6	计算机学报	003	科学出版社	计算机学	12	35	07-11-08	☑
	7	计算机应用与软件	003	计算机应用与软件	计算技术	10	30	06-03-15	☐

记录：|◄| |◄| 　1　 |►| |►|| |►*| 共有记录数：9

图 3.8　按**价格**降序排序的结果

降序排列,因此无法在"数据表视图"窗口下完成,只能在**筛选**窗口中完成。实验步骤
如下:

① 在"数据表视图"窗口中打开**图书信息表**;

② 单击**记录**菜单**筛选**级联菜单中**高级筛选/排序**命令项,打开**筛选**窗口;

③ 在设计网格中,单击第一列的**字段**栏,在字段列表中选定**出版社**字段,在**排序**栏中
选定**升序**;

④ 单击第二列的**字段**栏,在字段列表中选定**价格**字段,在**排序**栏中选定**降序**,如图
3.9所示;

字段:	出版社	价格	
排序:	升序	降序 ▼	
条件:			
或:			

图 3.9　设计排序条件

⑤ 单击工具栏上**应用筛选**按钮"▼",排序结果如图 3.10 所示。

图书信息表：表

	图书编号	书名	类别代码	出版社	作者	价格	页码	登记日期	是否借出
▶	2	C语言大学实用教程	001	电子工业出版社	黄远林	29	335	07-02-17	☑
	5	数据库系统概论(第三	002	高等教育出版社	萨师煊	32.8	413	05-06-19	☐
	1	大学计算机基础	001	高等教育出版社	陈建勋	28	296	06-09-10	☐
	7	计算机应用与软件	003	计算机应用与软件	计算技术	10	30	06-03-15	☐
	8	计算机组成原理	002	科学出版社	白中英	33	308	06-10-06	☐
	3	Visual FoxPro数据库	001	科学出版社	聂玉峰	29.8	307	07-07-03	☐
	6	计算机学报	003	科学出版社	计算机学	12	35	07-11-08	☑
	9	数据结构	002	清华大学出版社	刘大有	24.7	212	07-04-02	☐
	4	计算机网络技术	002	中国铁道出版社	宋文官	25	232	05-05-12	☑

记录：|◄| |◄| 　1　 |►| |►|| |►*| 共有记录数：9

图 3.10　按**出版社**升序、**价格**降序排序的结果

7. 创建单字段唯一索引

对**图书信息表**中的**图书编号**字段创建唯一索引,实验步骤如下:

① 在"设计视图"窗口中打开**图书信息表**;

② 选定**图书编号**字段,在**常规**选项卡中单击**索引**属性的下拉箭头,然后选定**有(无重复)**选项,如图 3.11 所示;

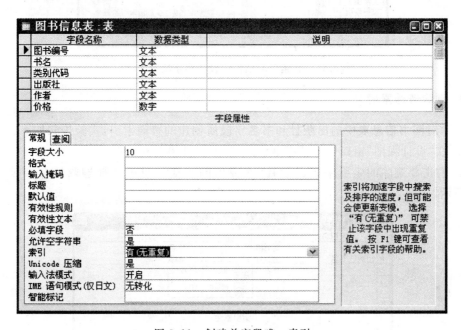

图 3.11 创建单字段唯一索引

③ 保存表,结束索引的建立,在数据表视图窗口中观察**图书信息表**的显示顺序。

8. 创建多字段唯一索引

对**图书信息表**中的**出版社**和**书名**字段创建唯一索引,实验步骤如下:

① 在"设计视图"窗口中打开**图书信息表**;

② 单击工具栏上**索引**按钮"☰↗",打开**索引**对话框;

③ 在**索引名称**列输入**出版社书名**;在**字段名称**下拉列表中选定第一个字段**出版社**,排序次序为**升序**;在**字段名称**列的下一行选定第二个字段**书名**(该行的**索引名称**为空),排序为**降序**;

④ 单击**索引名称**列中的**出版社书名**,在**索引属性**中选定**唯一索引**,如图 3.12 所示;

⑤ 保存表,结束多字段索引的建立,在数据表视图窗口中观察**图书信息表**的显示顺序。

图 3.12　在**索引**对话框中设置多字段唯一索引

9. 删除普通索引

删除对**图书信息表**中的**出版社**和**书名**字段所创建的普通索引，实验步骤如下：

① 在"设计视图"窗口中打开**图书信息表**，并打开**索引**对话框；

② 右击要删除的索引字段**出版社**，在弹出的快捷菜单中选择**删除行**命令项，如图 3.13所示；

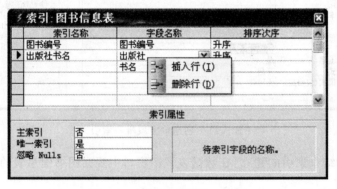

图 3.13　删除多字段唯一索引

③ 右击要删除的索引字段**书名**，在弹出的快捷菜单中选择**删除行**命令项；

④ 保存表，在数据表视图窗口中观察**图书信息表**的显示顺序。

10. 单字段设置为主键

将**读者信息表**中的**读者编号**字段设置为主键，实验步骤如下：

① 在"设计视图"窗口中打开**读者信息表**；

② 选定**读者编号**字段，再单击工具栏上**主键**按钮"　"，查看**读者编号**的字段选定区是否出现标记"　"；

③ 单击工具栏上**保存**按钮，保存所做的修改。

用上述方法将**图书类别表**中的**类别代码**字段设置为主键，将**图书信息表**中已按**图书编号**字段建立的唯一索引更改为主索引。

11. 多字段设置为主键

建立**借阅信息表**，并将表中**读者编号**、**图书编号**和**借书日期**字段设置为主键，实验步骤如下：

① 按表3.1建立**借阅信息表**结构；

表3.1 “借阅信息表”结构

字段名称	数据类型	字段大小	字段名称	数据类型	字段大小
读者编号	文本	10	还书日期	日期/时间	短日期
图书编号	文本	10	超出天数	数字	整型
借书日期	日期/时间	短日期	罚款金额	数字	单精度型

② 为**借阅信息表**输入数据内容，如图3.14所示；

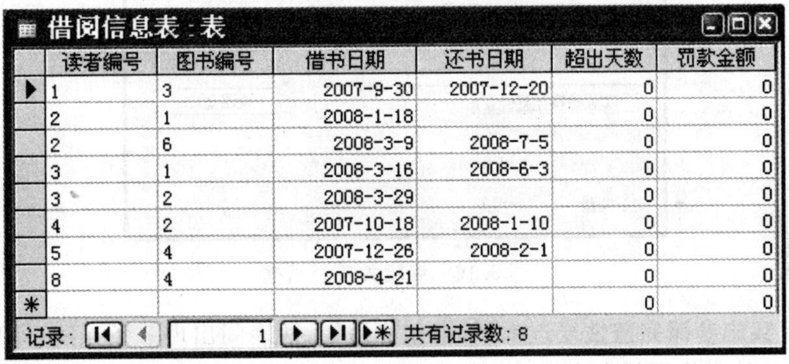

借阅信息表：表

读者编号	图书编号	借书日期	还书日期	超出天数	罚款金额
1	3	2007-9-30	2007-12-20	0	0
2	1	2008-1-18		0	0
2	6	2008-3-9	2008-7-5	0	0
3	1	2008-3-16	2008-6-3	0	0
3	2	2008-3-29		0	0
4	2	2007-10-18	2008-1-10	0	0
5	4	2007-12-26	2008-2-1	0	0
8	4	2008-4-21		0	0
				0	0

记录：1 共有记录数：8

图3.14 借阅信息表

③ 切换到“设计视图”窗口，按下**Ctrl**键，然后依次单击**读者编号**、**图书编号**和**借书日期**字段的行选定器，再单击工具栏上的**主键**按钮“ ”；

④ 打开**索引**窗口，观察设置主键后**索引**窗口的变化。

12. 建立各个表之间的联系

按实验内容中的要求建立各个表之间的联系，实验步骤如下：

① 在数据库窗口单击工具栏上的**关系**按钮“ ”，打开**关系**窗口；

② 单击工具栏上的**显示表**按钮“ ”，弹出**显示表**对话框；

③ 在**显示表**对话框中，分别选定**读者信息表**、**借阅信息表**、**图书信息表**和**图书类别表**，通过单击**添加**按钮，把它们添加到**关系**窗口中，如图3.15所示；

图 3.15　关系窗口

④ 在**关系**窗口中,拖动**读者信息表**的**读者编号**字段到**借阅信息表**的**读者编号**字段上,释放鼠标,即可弹出**编辑关系**对话框,如图 3.16 所示;

图 3.16　**编辑关系**对话框

⑤ 选定**实施参照完整性**复选框,单击**创建**按钮,两表间出现一条连线,即建立了主表**读者信息表**与从表**借阅信息表**间的一对多联系;

⑥ 重复④～⑤的操作,将数据库中其他表间的联系逐个建立起来,并保存联系,如图3.17 所示。

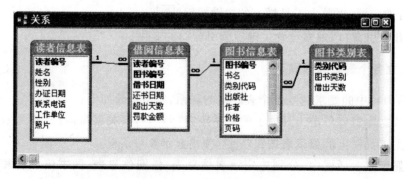

图 3.17　各表之间的联系

『课后练习』

1. 按下面要求设定**商品销售管理**数据库中各表的主键：

(1) 将**员工**表中的**员工号**字段设置为主键；

(2) 将**商品**表中的**商品号**字段设置为主键；

(3) 将**销售单**表中的**销售号**字段设置为主键；

(4) 将**销售明细**表中的**销售号**和**商品号**字段设置为主键。

2. 如图 3.18 所示，按下面要求设定**商品销售管理**数据库中各表的联系并实施参照完整性：

(1) 建立主表**员工**与从表**销售单**间的一对多联系；

(2) 建立主表**销售单**与从表**销售明细**间的一对多联系；

(3) 建立主表**商品**与从表**销售明细**间的一对多联系。

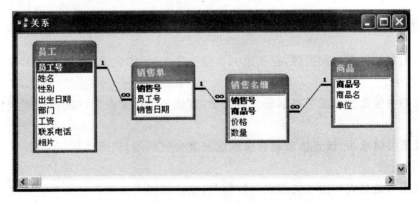

图 3.18　**商品销售管理**数据库中表间联系

实验四 查询的创建与操作(一)

『实验目的』

1. 掌握查询设计视图的使用。
2. 掌握查询向导的使用。
3. 掌握创建计算查询的方法。
4. 掌握在查询中添加计算字段的方法。
5. 掌握参数查询的创建方法。

『实验内容』

1. 以**图书信息表**为数据源,查找图书价格大于 28 元的记录,并显示图书编号、书名、出版社和作者。
2. 以**图书信息表**和**图书类别表**为数据源,创建一个计算查询以统计不同类别图书的数量。
3. 以**图书信息表**、**读者信息表**和**借阅信息表**为数据源,利用计算字段,统计读者所借图书的超期天数。
4. 以**图书信息表**和**图书类别表**为数据源,创建**按图书类别查询图书**的参数查询。

『实验步骤』

1. 查询创建实验之一

以**图书信息表**为数据源,查找图书价格大于 28 元的记录,并显示图书编号、书名、出版社和作者,实验步骤如下:

① 打开**图书查询管理系统**数据库;

② 在数据库窗口中,选定**查询**对象,再双击**在设计视图中创建查询**选项,屏幕上显示查询设计视图窗口,同时弹出**显示表**对话框,如图 4.1 所示;

③ 在**显示表**对话框的**表**选项卡中,双击**图书信息表**将其自动添加到查询设计视图窗口中,单击**关闭**按钮,关闭**显示表**对话框;

④ 分别双击**图书信息表**中的**图书编号**、**书名**、**出版社**和**作者**字段,将它们添加到设计

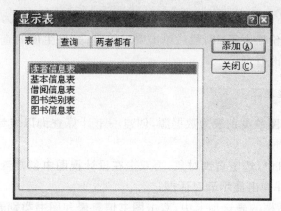

图 4.1 显示表对话框

网格的**字段**行中;

⑤ 在**价格**字段对应的**条件**行中,输入条件**>28**,并取消**显示**复选框的选定,如图 4.2所示;

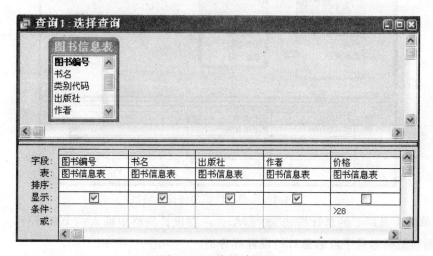

图 4.2 查询设计视图

⑥ 单击**运行**按钮查看运行结果,如图 4.3 所示;

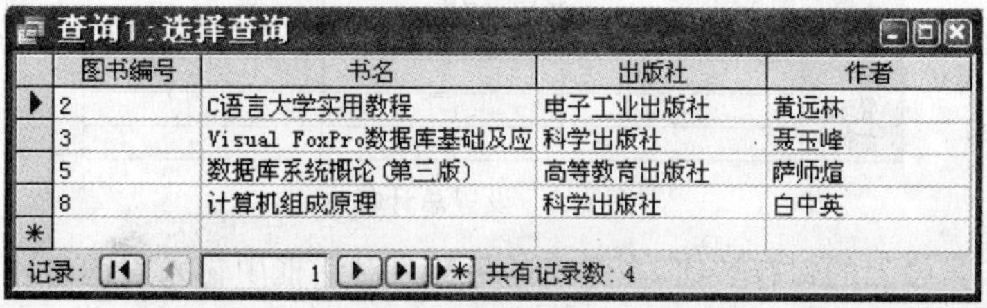

图 4.3 查看运行结果

⑦ 如果查询结果正确,可单击工具栏上的**保存按钮**,弹出**另存为**对话框,在此对话框中输入查询名称**图书价格大于 28**,然后单击**确定按钮**;如果生成的查询不完全符合要求,可以在设计视图中更改查询。

2. 查询创建实验之二

以**图书信息表**和**图书类别表**为数据源,创建一个计算查询以统计不同类别图书的数量,实验步骤如下:

① 在数据库窗口中,选定**查询**对象,再双击**在设计视图中创建查询**选项,屏幕上显示查询设计视图窗口,并弹出**显示表**对话框;

② 在**显示表**对话框的**表**选项卡中,双击**图书信息表**和**图书类别表**,单击**关闭按钮**;

③ 依次双击**图书类别表**中的**图书类别**字段和**图书信息表**中的**图书编号**字段,将它们添加到设计网格的**字段**行中,如图 4.4 所示;

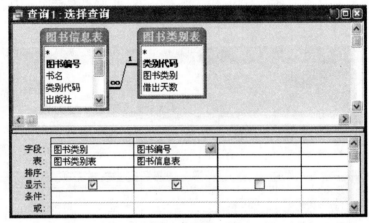

图 4.4　选择字段添加到设计网格

④ 单击工具栏上的**总计按钮**"**Σ**",Access 在设计网格中插入一个**总计**行,并自动将**图书类别**和**图书编号**字段的**总计**行设置成**分组**;

⑤ 单击**图书编号**字段的**总计**行,在下拉列表框中选定**计数**函数,如图 4.5 所示;

字段:	图书类别	图书编号	
表:	图书类别表	图书信息表	
总计:	分组	计数 ▽	
排序:			
显示:	☑	☑	☐
条件:			

图 4.5　设置总计行

⑥ 单击工具栏上的**保存按钮**,在弹出的**另存为**对话框中输入查询名称**各类别图书数量统计**,保存查询,运行查询的结果如图 4.6 所示。

图 4.6 **各类别图书数量统计**查询的运行结果

3. 查询创建实验之三

以**图书信息表、读者信息表**和**借阅信息表**为数据源,利用计算字段,统计读者所借图书的超期天数,实验步骤如下:

① 在数据库窗口中,选定**查询**对象,再双击**在设计视图中创建查询**选项,打开查询设计视图窗口;

② 在**显示表**对话框中依次双击**读者信息表、借阅信息表、图书信息表**和**图书类别表**,然后关闭**显示表**对话框,如图 4.7 所示;

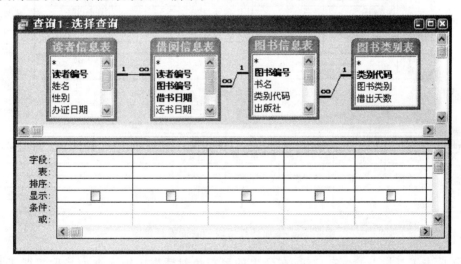

图 4.7 查询设计视图

③ 确保 4 张表之间的关联关系已经建立,依次双击**读者信息表**中的**读者编号**和**姓名**字段、**图书信息表**中的**图书编号**和**书名**字段、**借阅信息表**中的**还书日期**字段,将它们添加到设计网格的**字段**行中,如图 4.8 所示;

④ 取消**还书日期**字段显示复选框的选定,并在**还书日期**字段列的**条件**行中输入 **Is Null**,在**读者编号**字段列的**排序**列表框中选定**升序**,如图 4.9 所示;

⑤ 在设计网格的第一个空白列的**字段**行输入**超期天数:Date( )−[借书日期]−[借出天数]**,如图 4.10 所示;

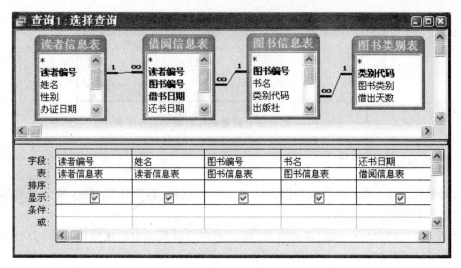

图 4.8　选择字段添加到设计网格

字段：	读者编号	姓名	图书编号	书名	还书日期
表：	读者信息表	读者信息表	图书信息表	图书信息表	借阅信息表
排序：	升序				
显示：	☑	☑	☑	☑	☐
条件：					Is Null
或：					

图 4.9　设计查询准则

字段：	读者编号	姓名	图书编号	书名	还书日期	超期天数：Date()-[借书日期]-[借出天数]
表：	读者信息表	读者信息表	图书信息表	图书信息表	借阅信息表	
排序：	升序					
显示：	☑	☑	☑	☑	☐	☑
条件：					Is Null	
或：						

图 4.10　添加计算字段的查询设计视图

⑥ 单击工具栏上的**保存**按钮，在弹出的**另存为**对话框中输入查询名称**超期天数**，保存查询，运行查询的结果如图 4.11 所示。

超期天数：选择查询

读者编号	姓名	图书编号	书名	超期天数
2	张小苗	1	大学计算机基础	81
3	李涌	2	C语言大学实用教程	10
8	宁全军	4	计算机网络技术	17

记录：1　共有记录数：3

图 4.11　**超期天数**查询的运行结果

4. 查询创建实验之四

以**图书信息表**和**图书类别表**为数据源,创建**按图书类别查询图书**的参数查询,实验步骤如下:

① 在数据库窗口中,选定**查询**对象,再双击**在设计视图中创建查询**选项,打开查询设计视图窗口;

② 在**显示表**对话框中依次双击**图书信息表**和**图书类别表**,然后关闭**显示表**对话框;

③ 依次双击**图书信息表**中的**图书编号**、**书名**、**出版社**、**作者**字段和**图书类别表**中的**图书类别**字段,将它们添加到设计网格的**字段**行中,如图 4.12 所示;

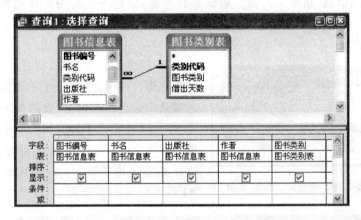

图 4.12　选择字段添加到设计网格

④ 在**图书类别**字段列的**条件**行中输入[**请输入图书类别:**],并取消**显示**复选框的选定,如图 4.13 所示;

字段:	图书编号	书名	出版社	作者	图书类别
表:	图书信息表	图书信息表	图书信息表	图书信息表	图书类别表
排序:					
显示:	☑	☑	☑	☑	☐
条件:					[请输入图书类别:]
或:					

图 4.13　在设计网格中输入参数设置

⑤ 单击工具栏上的**保存按钮**,在弹出的**另存为**对话框中输入查询名称**按图书类别查询图书**,保存查询;

⑥ 运行查询,首先弹出**输入参数值**对话框,在文本框中输入指定图书类别(例如**基础**),如图 4.14 所示,单击**确定按钮**,查询结果如图 4.15 所示。

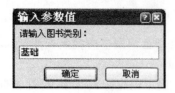

图 4.14　**输入参数值**对话框

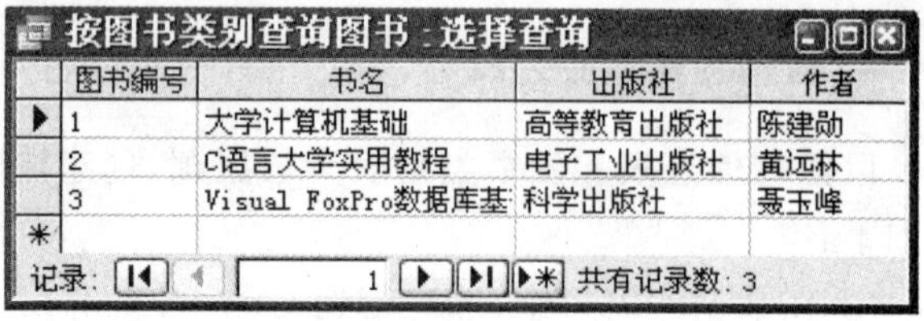

图书编号	书名	出版社	作者
1	大学计算机基础	高等教育出版社	陈建勋
2	C语言大学实用教程	电子工业出版社	黄远林
3	Visual FoxPro数据库基	科学出版社	聂玉峰

图 4.15　**按图书类别查询图书**查询的运行结果

『课后练习』

1. 以**员工**、**商品**、**销售单**和**销售明细**为数据源，创建一个名为**扩展销售明细**的查询。在该查询中，可显示出销售的详细信息包括销售号、员工号、姓名、销售日期、商品号、商品名、价格和数量。

2. 以**员工**为数据源，创建一个名为**员工统计**的查询。在该查询中，可显示出不同部门员工的数量。运行该查询后，效果如图 4.16 所示。

部门	员工号之Count
人事部	2
销售部	3

图 4.16　**员工统计**查询的运行效果图

3. 以**销售明细**为数据源，创建一个名为**销售小计**的查询。在该查询中，除显示**销售明细**中所有字段外，再增加一个**小计**字段，其值为[**价格**]*[**数量**]。运行该查询后，效果如图 4.17 所示。

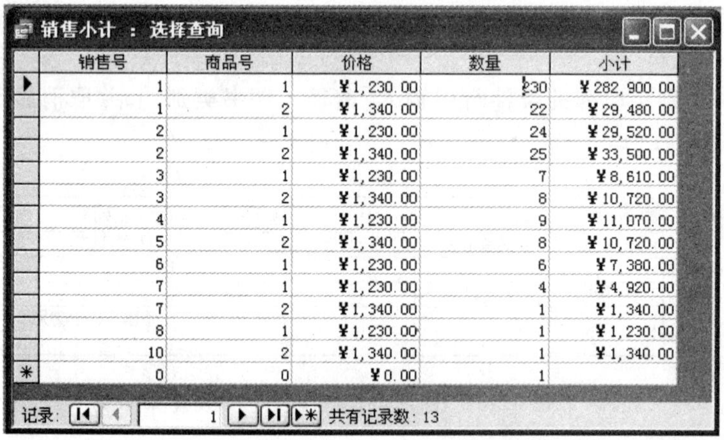

销售号	商品号	价格	数量	小计
1	1	¥1,230.00	230	¥282,900.00
1	2	¥1,340.00	22	¥29,480.00
2	1	¥1,230.00	24	¥29,520.00
2	2	¥1,340.00	25	¥33,500.00
3	1	¥1,230.00	7	¥8,610.00
3	2	¥1,340.00	8	¥10,720.00
4	1	¥1,230.00	9	¥11,070.00
5	2	¥1,340.00	8	¥10,720.00
6	1	¥1,230.00	6	¥7,380.00
7	1	¥1,230.00	4	¥4,920.00
7	2	¥1,340.00	1	¥1,340.00
8	1	¥1,230.00	1	¥1,230.00
10	2	¥1,340.00	1	¥1,340.00
0	0	¥0.00	1	

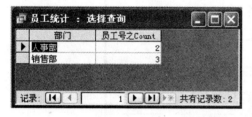

图 4.17　**销售小计**查询的运行效果图

4. 分别以**员工**、**商品**和**销售单**为数据源，创建名为**员工查询**、**商品查询**和**销售查询**的参数查询。在这三个参数查询中，用户可通过输入**员工号**、**商品号**和**销售号**查询相对应的信息。

实验五　查询的创建与操作(二)

『实验目的』

    1. 掌握创建交叉表查询的方法。
    2. 掌握备份数据表的方法。
    3. 掌握各种类型操作查询的创建方法。

『实验内容』

    1. 以**图书信息表**为数据源,以**出版社**字段为行标题,以**类别代码**字段为列标题,对**图书编号**字段进行数值统计,使用交叉表查询向导创建一个交叉表查询。
    2. 使用设计视图创建**借阅记录_交叉表**查询。
    3. 创建**图书信息表**和**图书类别表**的备份。
    4. 以**图书信息备份表**为数据源,创建更新查询,将**图书信息备份表**中出版社为**高等教育出版社**的记录改为**高教出版社**。
    5. 根据用户输入的图书类别来对**图书类别备份表**中借出天数进行调整。
    6. 创建追加查询,将**图书信息表**中未被借出的图书记录,追加到一个结构类似、内容为空的**未借出图书**表中。
    7. 创建删除查询,删除**图书类别表**中类别代码为**004**的记录。

『实验步骤』

    1. 使用交叉表查询向导创建交叉表查询

    以**图书信息表**为数据源,以**出版社**字段为行标题,以**类别代码**字段为列标题,对**图书编号**字段进行数值统计,使用交叉表查询向导创建一个交叉表查询,实验步骤如下:
    ① 在数据库窗口中,选定**查询**对象;
    ② 单击**新建**按钮,弹出**新建查询**对话框,选定**交叉表查询向导**后单击**确定**按钮,弹出**交叉表查询向导**对话框;
    ③ 在对话框中选定**图书信息表**,如图 5.1 所示;
    ④ 单击**下一步**按钮,进入**交叉表查询向导**对话框之二,选定**出版社**字段作为交叉表

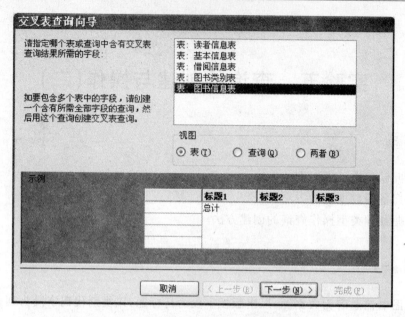

图 5.1　交叉表查询向导对话框之一

的行标题，如图 5.2 所示；

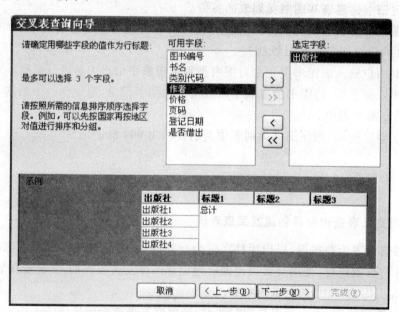

图 5.2　交叉表查询向导对话框之二

　　⑤ 单击下一步按钮，进入交叉表查询向导对话框之三，选定类别代码字段为列标题，如图 5.3 所示；

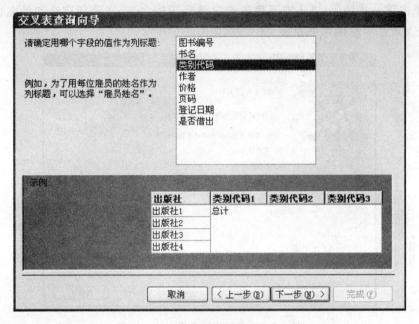

图 5.3　交叉表查询向导对话框之三

⑥ 单击**下一步**按钮,进入**交叉表查询向导**对话框之四,在**字段**列表框中选定**图书编号**,在**函数**列表框中选定**计数**,以确定在每个列和行的交叉点要计算的数字,如图 5.4 所示;

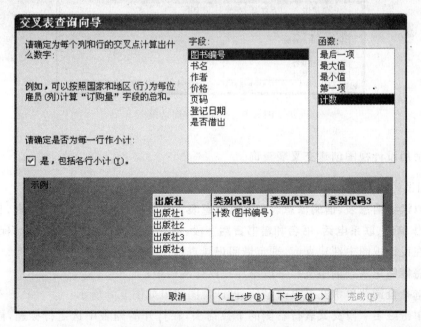

图 5.4　交叉表查询向导对话框之四

⑦ 单击**下一步**按钮,进入**交叉表查询向导**对话框之五,在**请指定查询的名称**文本框中输入交叉表的名称**图书信息表_交叉表**,如图 5.5 所示;

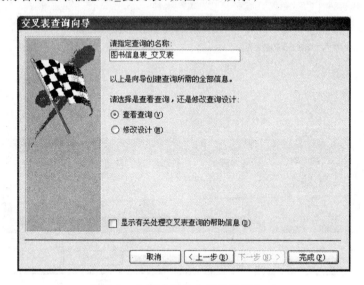

图 5.5 **交叉表查询向导**对话框之五

⑧ 单击**完成**按钮,交叉表查询结果如图 5.6 所示。

出版社	总计 图书编号	001	002	003
电子工业出版社	1	1		
高等教育出版社	2	1	1	
计算机应用与软件	1			1
科学出版社	3	1	1	1
清华大学出版社	1		1	
中国铁道出版社	1		1	

图 5.6 交叉表查询结果

2. 使用设计视图创建交叉表查询

使用设计视图创建**借阅记录_交叉表**查询,实验步骤如下:

① 以**读者信息表**、**借阅信息表**和**图书信息表**为数据源,创建**借阅记录**查询,其中包含**姓名**、**工作单位**、**联系电话**、**书名**和**借书日期**字段,设计视图窗口如图 5.7 所示,保存查询;

② 在设计视图中新建查询,选定**借阅记录**查询作为数据源;

③ 将**借阅记录**查询中所有字段添加到设计网格中;

④ 选择**查询**菜单中**交叉表**命令项,设计视图窗口如图 5.8 所示;

⑤ 单击**姓名**字段交叉表行右侧的下拉箭头,在打开的列表中选定**行标题**,同样将**工作单位**和**联系电话**也设置成行标题;

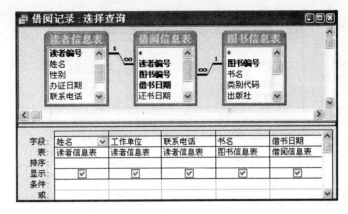

图 5.7　**借阅记录**查询设计视图

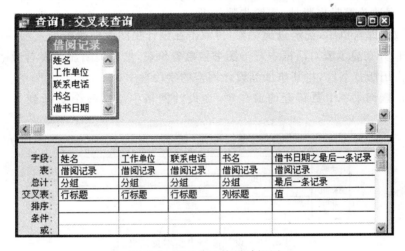

图 5.8　交叉表查询设计视图

⑥ 在**书名**字段**交叉表**行选定**列标题**;

⑦ 在**借书日期**字段**交叉表**行选定**值**,然后在**总计**行中选定**最后一条记录**;

⑧ 保存查询,将其命名为**借阅记录_交叉表**,切换到数据表视图,查看显示效果。

3. 创建表的备份

创建**图书信息表**和**图书类别表**的备份,实验步骤如下:

① 在数据库窗口中单击**图书信息表**,按 **Ctrl+C** 组合建;

② 按 **Ctrl+V** 组合建,弹出**粘贴表方式**对话框,如图 5.9 所示;

③ 在**表名称**文本框中输入新表名**图书信息备份表**;

④ 选定**结构和数据**单选按钮,然后单击**确定**按钮将新表添加到数据库窗口中;

⑤ 仿照上面的步骤,再建立一个**图书类别表**的备份,命名为**图书类别备份表**。

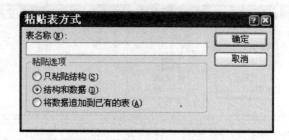

图 5.9   粘贴表方式对话框

4. 创建更新查询

以**图书信息备份表**为数据源,创建更新查询,将**图书信息备份表**中出版社为**高等教育出版社**的记录改为**高教出版社**,实验步骤如下:

① 在数据库窗口中,选定**查询**对象,再双击**在设计视图中创建查询**选项,打开查询设计视图窗口,并在**显示表**对话框中双击**图书信息备份表**,然后关闭**显示表**对话框;

② 双击**出版社**字段,将其添加到设计网格的**字段**行中;

③ 单击**查询**菜单中**更新查询**命令项,在设计网格中新增一个**更新到**行,如图 5.10 所示;

字段	出版社		
表:	图书信息备份表		
更新到:			
条件:			
或:			

图 5.10   设计网格中新增**更新到**行

④ 在**条件**行中输入"**高等教育出版社**",在**更新到**行中输入"**高教出版社**",如图 5.11 所示;

字段	出版社		
表:	图书信息备份表		
更新到:	"高教出版社"		
条件:	"高等教育出版社"		
或:			

图 5.11   在设计网格中添加更新数据

⑤ 单击工具栏上**保存**按钮,在弹出的**另存为**对话框中输入查询名称**修改出版社**,保存查询;

⑥ 运行查询,在图 5.12 所示的消息框中单击**是**按钮,在数据表视图中打开**图书信息备份表**,观察修改后的结果。

图 5.12　更新查询消息框

5. 创建带参数的更新查询

根据用户输入的图书类别来对**图书类别备份表**中借出天数进行调整。

操作步骤同上,设计视图如图 5.13 所示。

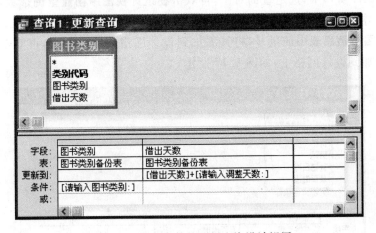

图 5.13　带有参数的更新查询设计视图

运行查询,在图 5.14 和 5.15 所示的两个对话框中输入相关数据,观察**图书类别备份表**的变化。

图 5.14　输入调整天数对话框　　　　图 5.15　输入图书类别对话框

6. 创建追加查询

将**图书信息表**中未被借出的图书记录,追加到一个结构类似、内容为空的**未借出图书表**中,实验步骤如下:

① 创建**图书信息表**结构的副本,由于只需要复制表的结构,不需要复制数据,所以在**粘贴选项**的选项组中,选定**只粘贴结构**单选按钮,将副本命名为**未借出图书**,如图 5.16 所示;

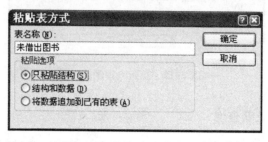

图 5.16　**粘贴表方式**对话框

② 在数据库窗口中,选定**查询**对象,再双击**在设计视图中创建查询**选项,打开查询设计视图窗口,并在**显示表**对话框中双击**图书信息表**,然后关闭**显示表**对话框;

③ 双击**图书信息表**中的星号,将其添加到设计网格的**字段行**中,再双击**是否借出**字段,将它也添加到设计网格中,如图 5.17 所示;

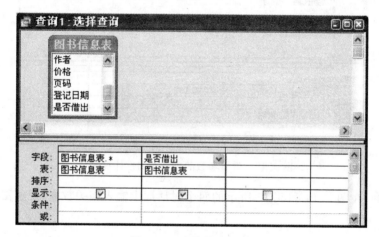

图 5.17　查询设计视图

④ 单击**查询**菜单中**追加查询**命令项,打开**追加**对话框,如图 5.18 所示;

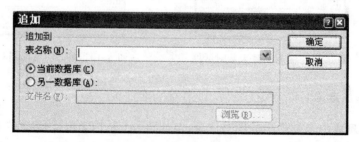

图 5.18　**追加**对话框

⑤ 在**表名称**下拉列表中选定**未借出图书**,单击**确定**按钮返回到设计视图,如图 5.19 所示;

字段:	图书信息表.*	是否借出		
表:	图书信息表	图书信息表		
排序:				
追加到:	未借出图书.*	是否借出		
条件:				
或:				

图 5.19　追加查询设计网格

⑥ 删除**是否借出**字段**追加到**行中的内容,并在**条件**行中添加 **No** 或 **0**,如图 5.20 所示;

字段:	图书信息表.*	是否借出		
表:	图书信息表	图书信息表		
排序:				
追加到:	未借出图书.*			
条件:		No		
或:				

图 5.20　修改后的追加查询设计网格

⑦ 单击工具栏上**保存**按钮,在弹出的**另存为**对话框中输入查询名称**未借出图书查询**,保存查询;

⑧ 运行查询,在图 5.21 所示的消息框中单击**是**按钮,在数据表视图中打开**未借出图书**,查看表中的记录。

图 5.21　追加查询消息框

7. 创建删除查询

删除**图书类别表**中类别代码为 **004** 的记录,实验步骤如下:

① 在数据库窗口中,选定**查询**对象,再双击**在设计视图中创建查询**选项,打开查询设计视图窗口,并在**显示表**对话框中双击**图书类别表**,然后关闭**显示表**对话框;

② 双击**类别代码**字段,将其添加到设计网格的**字段**行中;

③ 单击**查询**菜单中**删除查询**命令项,在设计网格中新增一个**删除**行,该行中有 **Where** 字样,如图 5.22 所示;

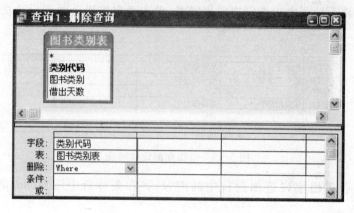

图 5.22　删除查询设计视图

④ 在**条件**行中输入删除条件**"004"**,如图 5.23 所示;

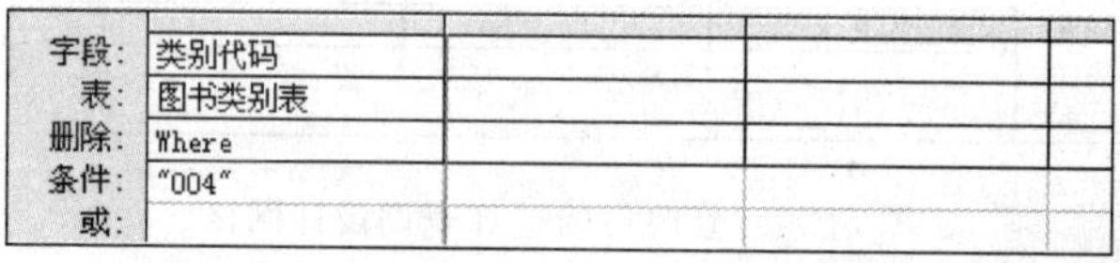

字段:	类别代码			
表:	图书类别表			
删除:	Where			
条件:	"004"			
或:				

图 5.23　在设计网格中输入删除条件

⑤ 单击工具栏上的**保存按钮**,在弹出的**另存为**对话框中输入查询名称**删除类别**,保存查询;

⑥ 运行查询,在图 5.24 所示的消息框中单击**是按钮**,在数据表视图中打开**图书类别表**,观察删除后的结果。

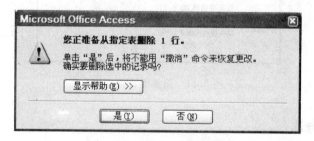

图 5.24　删除查询消息框

『课后练习』

1. 以前面创建的查询**扩展销售明细**为数据源,以**员工号**和**姓名**字段为行标题,以**商品名**字段为列标题,对**数量**字段进行求和统计,使用交叉表查询向导创建一个名为**员工销**

售统计的交叉表查询,通过该交叉表查询可查阅各个员工所销售各种商品的数量。该查询的运行结果如图 5.25 所示。

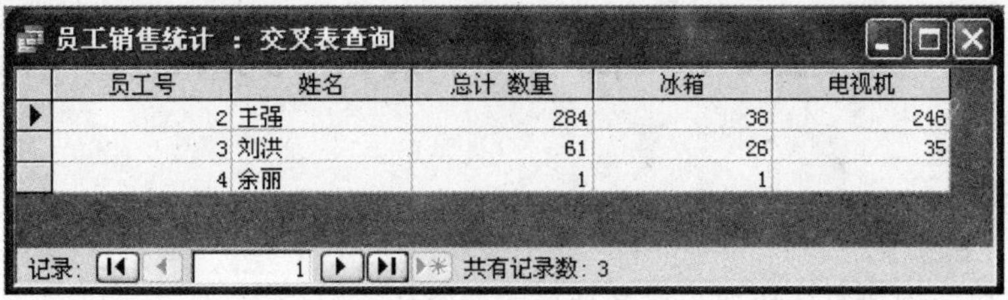

员工号	姓名	总计 数量	冰箱	电视机
2	王强	284	38	246
3	刘洪	61	26	35
4	余丽	1	1	

图 5.25　**员工销售统计**的运行效果图

2. 创建**员工**表的备份,其备份包括该表的表结构和数据,备份后的表名为**员工备份**。

3. 以**员工备份**为数据源,创建一个更新查询,将该表中部门为**销售部**的记录改为**营业部**。

4. 以**员工备份**为数据源,创建一个带参数的更新查询,根据用户输入的金额增加员工的工资。

5. 创建**员工**表结构的副本,以**员工**为数据源,创建一个追加查询,将所有部门为**销售部**的员工追加到该副本中。

6. 以**员工备份**为数据源,创建一个删除查询,删除部门为**销售部**的记录。

实验六　窗体的设计与操作

『实验目的』

1. 利用自动创建窗体快速生成各种形式的窗体。
2. 掌握窗体向导的使用。
3. 利用数据透视表向导创建数据透视表窗体。
4. 利用窗体向导创建主/子窗体。

『实验内容』

1. 利用自动创建窗体在**图书查询管理系统**数据库中创建**读者信息_纵栏式**窗体。
2. 利用窗体向导创建**借阅信息**窗体。
3. 以**图书信息表**为数据源,创建一个数据透视表窗体,计算各出版社不同类别图书的数量。
4. 利用窗体向导创建主/子窗体,用于浏览与编辑读者的所有借阅记录。

『实验步骤』

1. 利用自动创建窗体创建各种形式的窗体

利用自动创建窗体在**图书查询管理系统**数据库中创建**读者信息_纵栏式**窗体,实验步骤如下:

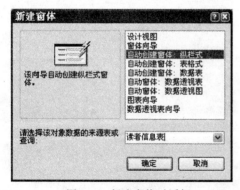

图 6.1　**新建窗体**对话框

① 打开**图书查询管理系统**数据库;

② 在数据库窗口中,选定**窗体**对象,再单击工具栏上**新建**按钮,打开**新建窗体**对话框;

③ 在**请选择该对象数据的来源表或查询**下拉列表中选定**读者信息表**,并选定**自动创建窗体:纵栏式**选项,如图 6.1 所示;

④ 单击**确定**按钮,屏幕显示新建的**读者信息表**窗体,如图 6.2 所示;

⑤ 单击工具栏上**保存**按钮,弹出**另存为**对

图 6.2　**读者信息表**窗体

话框,输入窗体的名称**读者信息_纵栏式**,然后单击**确定**按钮,完成该窗体的创建;

　　⑥ 仿照上述步骤,利用自动创建窗体完成**图书信息_表格式**窗体和**借阅信息_数据表**窗体的创建。

　　2. 利用窗体向导创建窗体

　　利用窗体向导创建**借阅信息**窗体,实验步骤如下:

　　① 在数据库窗口中,选定**窗体**对象,再单击工具栏上**新建**按钮,打开**新建窗体**对话框;

　　② 选定**窗体向导**选项,并在**请选择该对象数据的来源表或查询**下拉列表中选定**借阅信息表**,如图 6.3 所示;

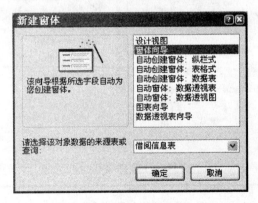

图 6.3　**新建窗体**对话框

　　③ 单击**确定**按钮,弹出**窗体向导**对话框之一,如图 6.4 所示;

　　④ 单击"⑳"按钮选定**借阅信息表**中的全部字段;

　　⑤ 单击**下一步**按钮,进入**窗体向导**对话框之二,确定窗体使用的布局,如图 6.5 所示;

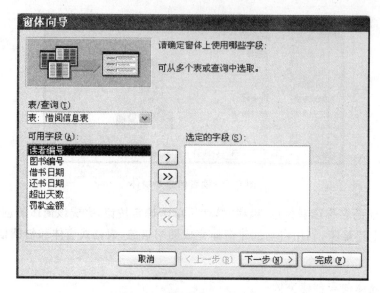

图 6.4 **窗体向导**对话框之一

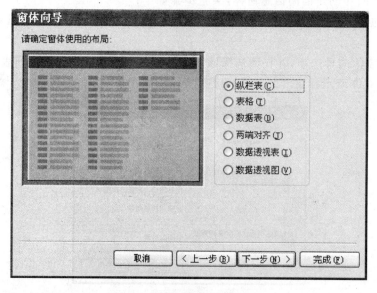

图 6.5 **窗体向导**对话框之二

⑥ 单击**下一步**按钮,进入**窗体向导**对话框之三,确定所用样式为**标准**样式,如图 6.6 所示;

⑦ 单击**下一步**按钮,进入**窗体向导**对话框之四,在**请为窗体指定标题**文本框中输入**借阅信息**,并选定**打开窗体查看或输入信息**单选按钮,如图 6.7 所示;

⑧ 单击**完成**按钮,结果如图 6.8 所示。

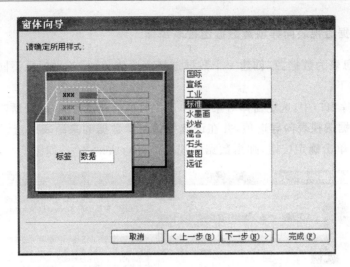

图 6.6 **窗体向导**对话框之三

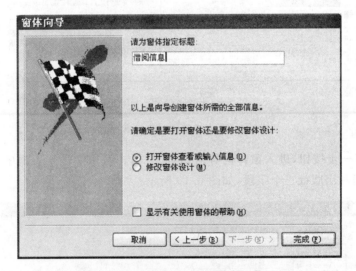

图 6.7 **窗体向导**对话框之四

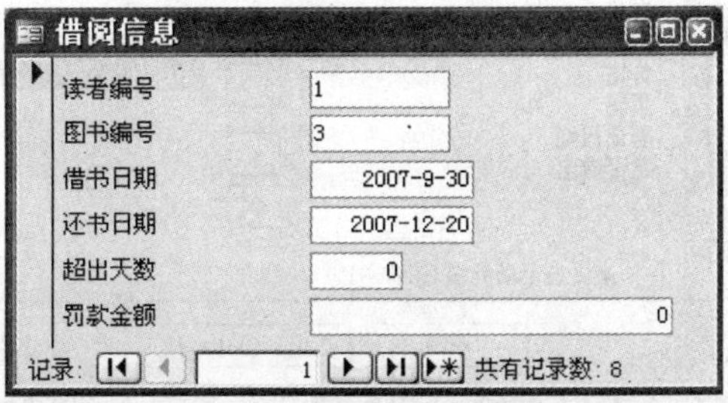

图 6.8 **借阅信息窗体**

3. 利用数据透视表向导创建数据透视表窗体

以**图书信息表**为数据源,创建一个数据透视表窗体,计算各出版社不同类别图书的数量,实验步骤如下:

① 在数据库窗口中,选定**窗体**对象,再单击工具栏上**新建**按钮,打开**新建窗体**对话框;

② 选定**数据透视表向导**选项,并在**请选择该对象数据的来源表或查询**下拉列表中选定**图书信息表**,单击**确定**按钮,弹出**数据透视表向导**对话框之一,如图 6.9 所示;

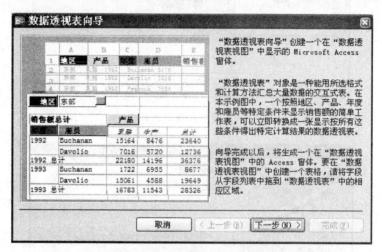

图 6.9 **数据透视表向导**对话框之一

③ 单击**下一步**按钮,进入**窗体向导**对话框之二,在**可用字段**列表框中分别双击**图书编号**、**类别代码**和**出版社**三个字段,如图 6.10 所示;

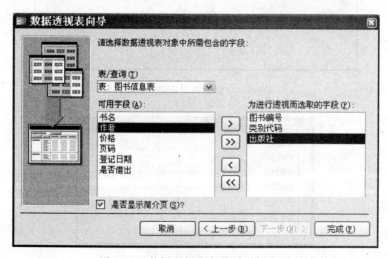

图 6.10 **数据透视表向导**对话框之二

④ 单击**完成**按钮，系统打开两个窗口，如图 6.11 所示。

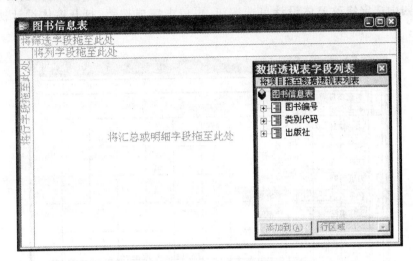

图 6.11　单击**完成**按钮后打开的两个窗口

⑤ 将**数据透视表字段列表**窗口中的**出版社**字段拖到**将行字段拖动至此处**，将**类别代码**字段拖到**将列字段拖动至此处**，将**图书编号**字段拖到**将汇总或明细字段拖动至此处**，如图 6.12 所示；

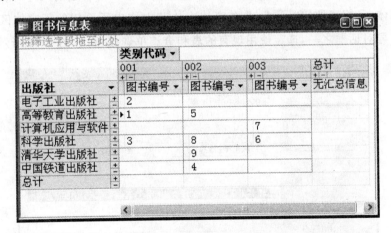

图 6.12　数据透视表窗体

⑥ 单击工具栏上**保存**按钮，弹出**另存为**对话框，输入窗体的名称**图书信息透视表**，单击**确定**按钮，完成窗体的创建。

4. 利用窗体向导创建主/子窗体

利用窗体向导创建主/子窗体，用于浏览与编辑读者的所有借阅记录，实验步骤如下：

①　使用**窗体向导**创建一个基于**读者信息表**的窗体，命名为**读者信息表**，在**窗体向导**对话框之四中选定**修改窗体设计**单选按钮，再单击**完成**按钮，打开窗体设计视图，如图6.13所示；

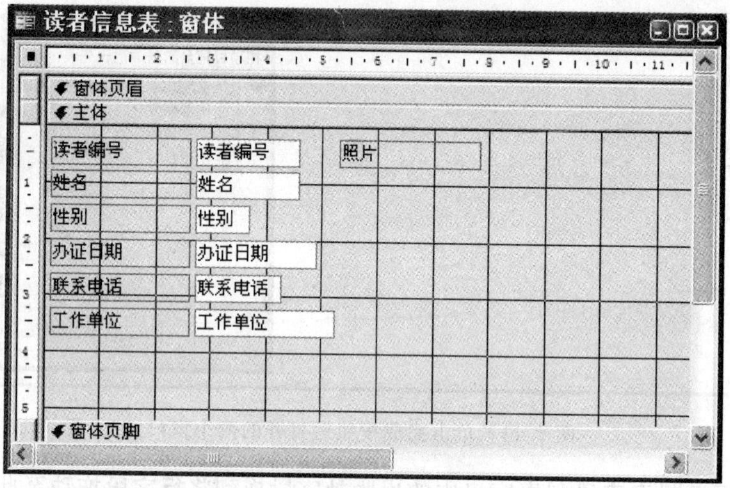

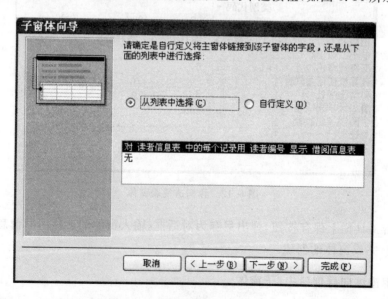

图 6.13　**读者信息表**窗体设计视图

②　在**读者信息表**的窗体设计视图中将窗体主体节拉大至合适的尺寸，然后在工具箱上单击**子窗体/子报表**按钮"▣"，并在窗体主体节中拖出所希望的子窗体区域，随即弹出**子窗体向导**对话框之一，选定**使用现有的表和查询**单选按钮，如图 6.14 所示；

图 6.14　**子窗体向导**对话框之一

③ 单击**下一步**按钮,进入**子窗体向导**对话框之二,选定子窗体的数据源为**借阅信息表**,并选定**借阅信息表**中的全部字段,如图 6.15 所示;

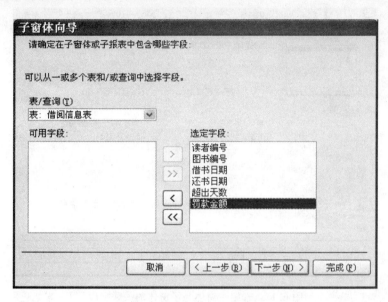

图 6.15 **子窗体向导**对话框之二

④ 单击**下一步**按钮,进入**子窗体向导**对话框之三,如图 6.16 所示;

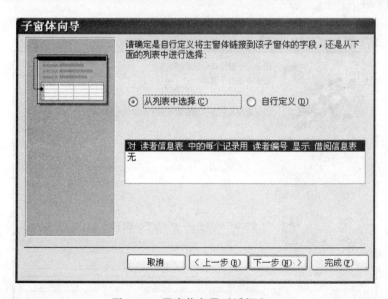

图 6.16 **子窗体向导**对话框之三

⑤ 选定**自行定义**单选按钮,在**窗体/报表字段**下拉列表框中选定**读者编号**,在子窗

体/子报表字段下拉列表框中选定读者编号，如图 6.17 所示；

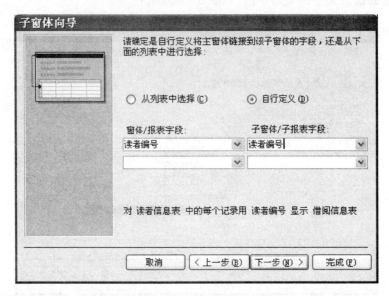

图 6.17　选定主窗体与子窗体的关联字段

　　⑥ 单击下一步按钮，进入子窗体向导对话框之四，将子窗体命名为借阅信息表子窗体，如图 6.18 所示；

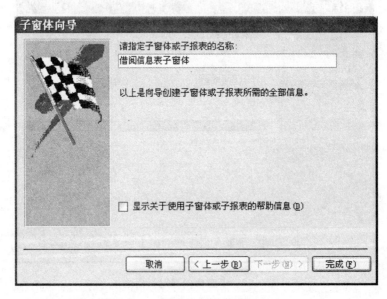

图 6.18　子窗体向导对话框之四

⑦ 单击**完成**按钮。添加子窗体并调整后的**读者信息表**窗体如图 6.19 所示。

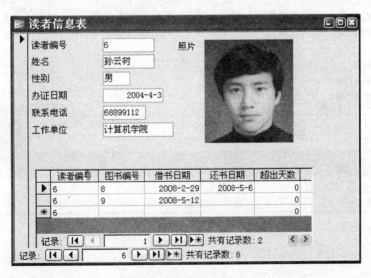

图 6.19　修改后的窗体

运行窗体后的效果如图 6.20 所示。

图 6.20　窗体运行效果

『课后练习』

1. 以**员工**表为数据源,分别利用自动创建窗体和窗体向导创建**员工**窗体,该窗体的运行效果如图 6.21 所示。

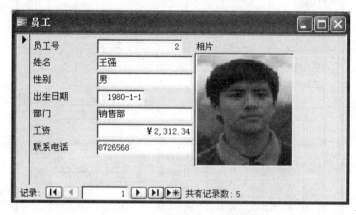

图 6.21 **员工**窗体的运行效果图

2. 创建一个名为**销售单**的主/子窗体,用于浏览各个销售单所销售商品的全部记录。该窗体的运行结果如图6.22所示。

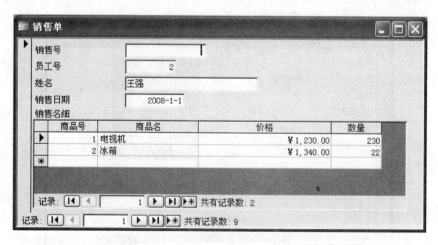

图 6.22 **销售单**窗体的运行效果图

实验七　窗体控件的应用

『实验目的』

1. 向窗体中添加标签和文本框控件。
2. 使用组合框向导向窗体中添加组合框控件。
3. 使用列表框向导向窗体中添加列表框控件。
4. 使用命令按钮向导向窗体中添加命令按钮控件。
5. 熟悉有关窗体属性和控件属性的设置方法。
6. 掌握多选项卡窗体的创建。

『实验内容』

1. 利用设计视图创建**读者信息维护**窗体,向窗体中添加绑定型文本框控件,包含**读**者编号、姓名、办证日期和联系电话 4 个字段。
2. 为**读者信息维护**窗体添加标题输入读者信息。
3. 为**读者信息维护**窗体添加一个**性别**选项组。
4. 为**读者信息维护**窗体添加**工作单位**组合框。
5. 为**读者信息维护**窗体添加命令按钮。
6. 创建包含选项卡的窗体,选项卡的两页中,一页显示读者信息,另一页显示借阅记录。

『实验步骤』

1. 向窗体中添加绑定型文本框控件

利用设计视图创建**读者信息维护**窗体,向窗体中添加绑定型文本框控件,包含**读者编号、姓名、办证日期**和**联系电话** 4 个字段,实验步骤如下:

① 打开**图书查询管理系统**数据库;

② 在数据库窗口中,选定**窗体**对象,再单击工具栏上**新建**按钮,打开**新建窗体**对话框;

③ 在**新建窗体**对话框中,选定**设计视图**,在**请选择该对象数据的来源表或查询**下拉列表中选定**读者信息表**,然后单击**确定**按钮;

④ 将**读者信息表**字段列表中的**读者编号、姓名、办证日期**和**联系电话**等字段依次拖

动到窗体内,并适当调整控件位置,如图 7.1 所示;

图 7.1　添加绑定型文本框的窗体设计视图

⑤ 保存窗体,将其命名为**读者信息维护**。

2. 向窗体中添加标题

为**读者信息维护**窗体添加标题**输入读者信息**,实验步骤如下:

① 在设计视图中打开**读者信息维护**窗体,选定**视图**菜单中**窗体页眉/页脚**命令项,在窗体设计视图中添加**窗体页眉**节;

② 单击工具箱中**标签**按钮"*Aa*",在窗体页眉处单击要放置标签的位置,然后输入标签内容**输入读者信息**;

③ 在标签的属性对话框中,将标题的**字体名称**设为**隶书,字体大小**设为 **20,**前景色设为**蓝色**,如图 7.2 所示;

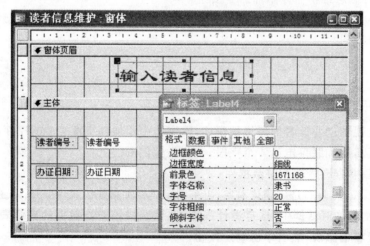

图 7.2　标签格式设置

④ 保存**读者信息维护**窗体。

3. 向窗体中添加选项组

为**读者信息维护**窗体添加一个**性别**选项组，实验步骤如下：

① 在图 7.2 所示的设计视图中，单击工具箱中**选项组**按钮"　"，然后在窗体上单击要放置选项组的位置，弹出**选项组向导**对话框之一，输入选项组中每个选项的标签名**男**和**女**，如图 7.3 所示；

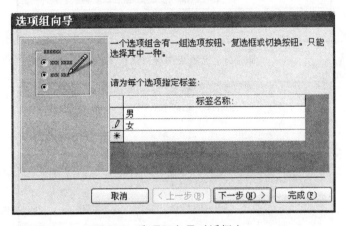

图 7.3　**选项组向导**对话框之一

② 单击**下一步**按钮，进入**选项组向导**对话框之二，指定**男**为默认项，如图 7.4 所示；

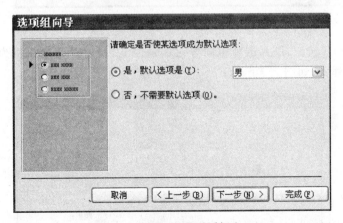

图 7.4　**选项组向导**对话框之二

③ 单击**下一步**按钮，进入**选项组向导**对话框之三，取系统默认值，如图 7.5 所示；

④ 单击**下一步**按钮，进入**选项组向导**对话框之四，选定为**稍后使用保存这个值**单选按钮，如图 7.6 所示；

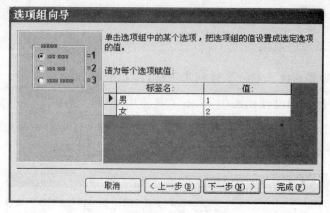

图 7.5　选项组向导对话框之三

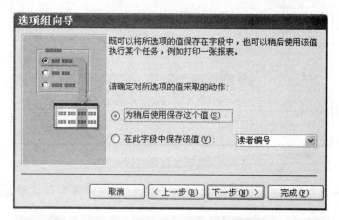

图 7.6　选项组向导对话框之四

　　⑤ 单击**下一步**按钮,进入**选项组向导**对话框之五,指定**选项按钮**作为选项组中的控件,并采用**蚀刻**样式,如图 7.7 所示;

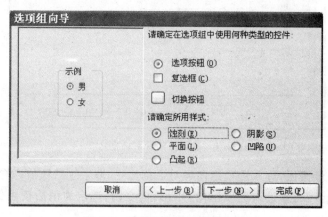

图 7.7　选项组向导对话框之五

⑥ 单击**下一步**按钮,进入**选项组向导**对话框之六,输入**性别**作为选项组的标题,然后单击**完成**按钮,结果如图 7.8 所示;

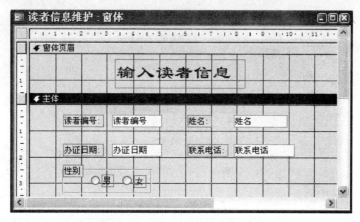

图 7.8　添加选项组的窗体设计视图

⑦ 保存**读者信息维护**窗体。

4. 向窗体中添加组合框

为**读者信息维护**窗体添加**工作单位**组合框,实验步骤如下:

① 在图 7.8 所示的设计视图中,单击工具箱中**组合框**按钮"▦",然后在窗体上单击要放置组合框的位置,弹出**组合框向导**对话框之一,选定**使用组合框查阅表或查询中的值**单选按钮,如图 7.9 所示;

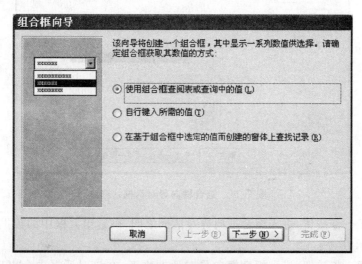

图 7.9　**组合框向导**对话框之一

② 单击**下一步按钮**,进入**组合框向导**对话框之二,选定**工作单位查询**作为数据源,如图 7.10 所示;

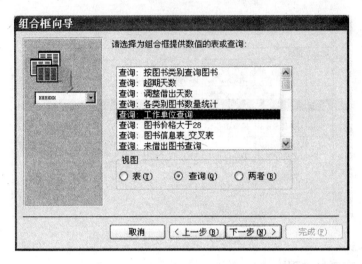

图 7.10　**组合框向导**对话框之二

③ 单击**下一步按钮**,进入**组合框向导**对话框之三,选定包含到组合框中的字段为**工作单位**,如图 7.11 所示;

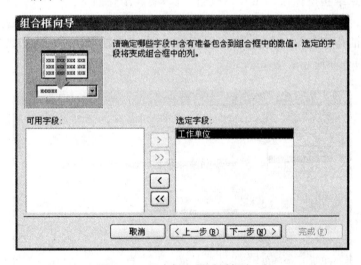

图 7.11　**组合框向导**对话框之三

④ 单击**下一步按钮**,进入**组合框向导**对话框之四,确定组合框中的数据按升序排序,如图 7.12 所示;

⑤ 单击**下一步按钮**,进入**组合框向导**对话框之五,在该对话框中会出现组合框数据列表,如图 7.13 所示,可在此处调整列表的宽度;

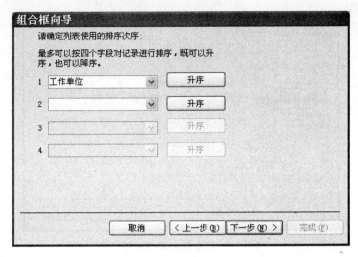

图 7.12　**组合框向导**对话框之四

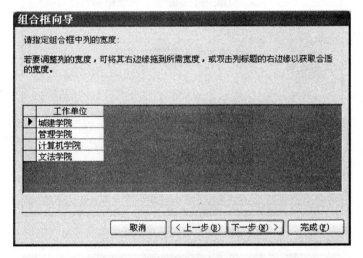

图 7.13　**组合框向导**对话框之五

⑥ 单击**下一步**按钮,进入**组合框向导**对话框之六,设置将选项保存在**工作单位**字段中,如图 7.14 所示;

⑦ 单击**下一步**按钮,进入**组合框向导**对话框之七,为组合框指定标签**工作单位**,如图 7.15 所示;

⑧ 单击**完成**按钮,结果如图 7.16 所示。

说明:为避免组合框列表中列出的数据出现重复选项,在添加**工作单位**组合框时,使用了**工作单位查询**作为数据源,该查询中只包含一个字段**工作单位**,并且设置其**唯一值属性为是**,设置方法:右击查询设计视图窗口上部,在弹出的快捷菜单中选择"属性"命令项,即可打开"查询属性"对话框,如图 7.17 所示。

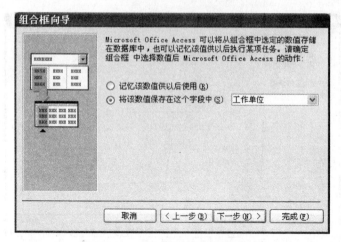

图 7.14　组合框向导对话框之六

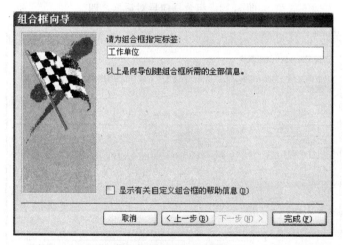

图 7.15　组合框向导对话框之七

图 7.16　添加组合框的窗体设计视图

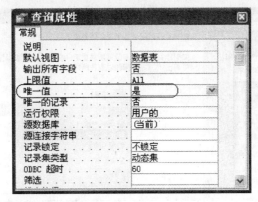

图 7.17　设定查询的唯一值属性

5．向窗体中添加命令按钮

为**读者信息维护**窗体添加三个命令按钮，分别用来执行添加记录、保存记录和关闭窗体的操作，实验步骤如下：

① 在图 7.16 所示的设计视图中，单击工具箱中**命令按钮**按钮"▢"，然后在窗体上单击要放置命令按钮的位置，弹出**命令按钮向导**对话框之一，在**类别**列表框中选定**记录操作**，在**操作**列表框中选定**添加新记录**，如图 7.18 所示；

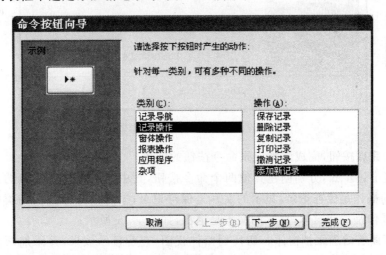

图 7.18　**命令按钮向导**对话框之一

② 单击**下一步**按钮，进入**命令按钮向导**对话框之二，选中**文本**单选按钮，并在文本框中输入**添加记录**，如图 7.19 所示；

③ 单击**下一步**按钮，进入**命令按钮向导**对话框之三，以其默认值作为命令按钮的名称，如图 7.20 所示；

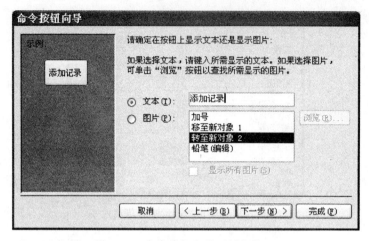

图 7.19 **命令按钮向导**对话框之二

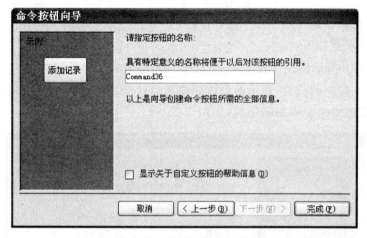

图 7.20 **命令按钮向导**对话框之三

④ 单击**完成**按钮,完成**添加记录**命令按钮的创建;

⑤ 重复上述步骤,分别创建其他两个命令按钮,其中第二个命令按钮的**类别**为**记录操作**,选定的**操作**是**保存记录**,显示的文本是**保存记录**;第三个命令按钮的**类别**是**窗体操作**,选定的**操作**是**关闭窗体**,显示的文本是**退出**,如图 7.21 所示;

⑥ 保存**读者信息维护**窗体。切换到窗体视图,查看显示效果,并添加两条记录到读者信息表中,验证命令按钮功能。

6. 创建包含选项卡的窗体

创建包含选项卡的窗体,选项卡的两页中,一页显示读者信息,另一页显示借阅记录,实验步骤如下:

图 7.21 添加命令按钮的窗体设计视图

① 在**图书查询管理系统**数据库窗口中，以设计视图方式打开在实验六中建立的**读者信息_纵栏式**窗体；

② 删除照片，将其余控件全部选定，然后单击**剪切按钮**"✂"，再单击工具箱中**选项卡按钮**"▢"，在窗体上单击要放置选项卡的位置，调整其大小；

③ 单击选项卡**页1**，再单击**粘贴按钮**"📋"，将步骤②选定的所有控件粘贴到第一个页面上；

④ 在属性窗口中设置该页面的**标题**属性为**读者信息**，如图 7.22 所示；

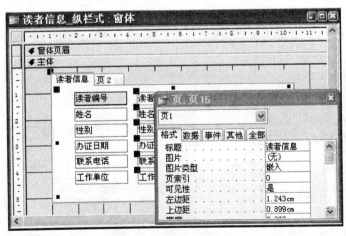

图 7.22 选项卡的第一页

⑤ 单击选项卡**页2**，在属性窗口中设置该页面的**标题**属性为**借阅记录**，再单击工具箱中**列表框**按钮"▤"，在窗体上单击要放置列表框的位置，弹出**列表框向导**对话框之一，

选定**使用列表框查阅表或查询中的值**；

⑥ 单击**下一步**按钮，进入**列表框向导**对话框之二，选定**视图**选项组中**查询**单选按钮，然后在列表中选定**借阅记录**，如图 7.23 所示；

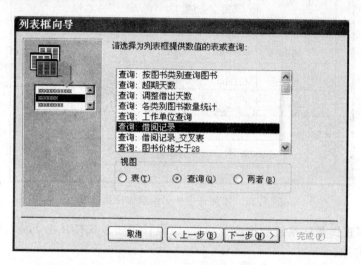

图 7.23　设置查询

⑦ 单击**下一步**按钮，进入**列表框向导**对话框之三，将**可用字段**列表中的所有字段移到**选定字段**列表框中；

⑧ 单击**下一步**按钮，进入**列表框向导**对话框之四，选定按**姓名**的升序排序；

⑨ 单击**下一步**按钮，进入**列表框向导**对话框之五，拖动各列右边框以调整列表框的宽度，如图 7.24 所示；

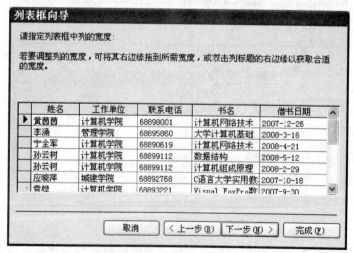

图 7.24　设置列表的宽度

⑩ 单击**完成**按钮,结果如图7.25所示;

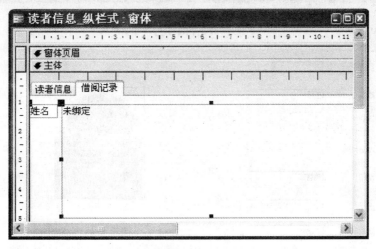

图7.25 **借阅记录**页

⑪ 删除列表框的标签,并适当调整列表框大小,并将列表框的**列标题**属性设置为**是**,如图7.26所示;

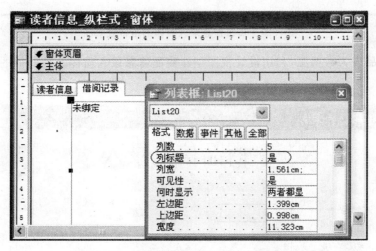

图7.26 选项卡**借阅记录**页格式属性设置

⑫ 切换到窗体视图,查看显示效果。

『课后练习』

1. 以**员工**表为数据源,利用设计视图创建**员工信息录入**窗体。该窗体的运行效果如图7.27所示。

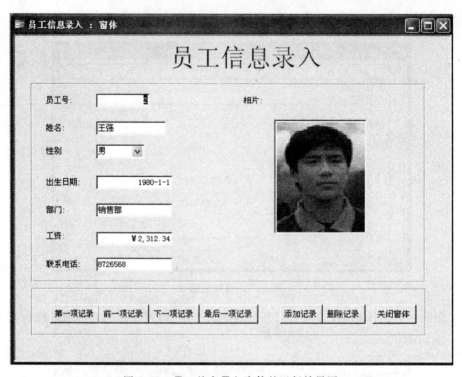

图 7.27　**员工信息录入**窗体的运行效果图

　　2. **以商品表为数据源**,利用设计视图创建**商品信息录入**窗体。该窗体的运行效果如图 7.28 所示。

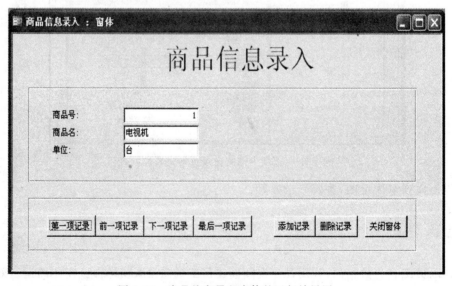

图 7.28　**商品信息录入**窗体的运行效果图

3. 以**销售单**和**销售明细**为数据源，利用设计视图创建主/子窗体，用于浏览各个销售单所销售商品的全部记录。该窗体的运行结果如图 7.29 所示。

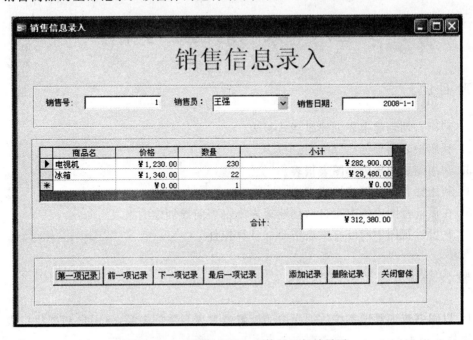

图 7.29　**销售信息录入**窗体的运行效果图

实验八　报表的创建与操作

『实验目的』

　　1. 利用自动创建报表创建纵栏式报表。
　　2. 利用报表向导创建分组汇总报表。
　　3. 利用图表向导创建图表报表。
　　4. 利用标签向导创建标签报表。
　　5. 在设计视图中修改用自动创建报表或报表向导创建的报表。
　　6. 在设计视图中向已有报表中添加计算控件。

『实验内容』

　　1. 以**图书查询管理系统**数据库中的**读者信息表**为数据来源,使用自动创建报表建立一个纵栏式报表。
　　2. 以**超期天数**查询为数据来源,利用报表向导建立报表。
　　3. 利用图表向导对**图书信息表**创建一个图表报表。
　　4. 利用标签向导对**读者信息表**建立标签报表。
　　5. 在设计视图中修改利用向导建立的报表。
　　6. 创建一个**超期天数**分组排序报表。
　　7. 在报表中添加计算控件,统计每位读者的**累计超期天数**,以及每个借阅记录超期天数占累计超期天数的百分比。

『实验步骤』

　　1. 自动创建报表
　　以**图书查询管理系统**数据库中的**读者信息表**为数据来源,使用自动创建报表建立一个纵栏式报表,实验步骤如下:
　　① 打开**图书查询管理系统**数据库,选定**报表**对象;
　　② 单击数据库窗口工具栏上**新建**按钮,弹出**新建报表**对话框;
　　③ 在列表框中选定**自动创建报表:纵栏式**,在**请选择该对象数据的来源表或查**

询下拉列表中选定**读者信息表**,如图8.1
所示,单击**确定**按钮,屏幕显示出新建的
报表;

④ 单击工具栏上**保存**按钮,弹出**另存
为**对话框,输入报表的名称**读者信息_纵栏
式**,单击**确定**按钮;

⑤ 将上面创建的报表切换到设计视
图,观察系统对这个报表所做的设置。

2. 利用报表向导创建报表

以**超期天数**查询为数据来源,利用报表
向导建立报表,实验步骤如下:

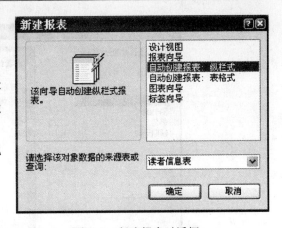

图8.1 **新建报表**对话框

① 在数据库窗口中选定**报表**对象,再双击**使用向导创建报表**,弹出**报表向导**对话框
之一;

② 在**表/查询**下拉列表框中选定**查询:超期天数**作为数据来源,将**可用字段**列表框中
全部字段添加到**选定的字段**列表框中,如图8.2所示;

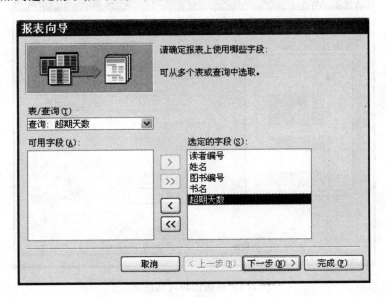

图8.2 **报表向导**对话框之一

③ 单击**下一步**按钮,进入**报表向导**对话框之二,将**读者编号**设置为分组,如图8.3
所示;

④ 单击**下一步**按钮,进入**报表向导**对话框之三,设置按照**图书编号**排序,如图8.4
所示;

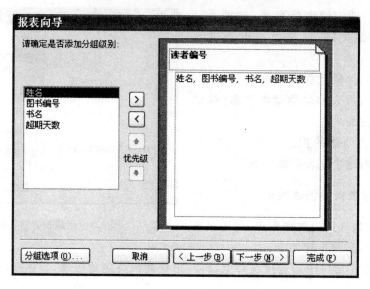

图 8.3 **报表向导**对话框之二

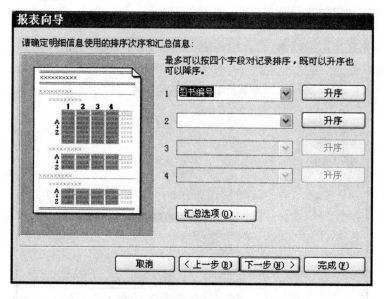

图 8.4 **报表向导**对话框之三

⑤ 单击**汇总选项**按钮,弹出**汇总选项**对话框,在**超期天数**字段后选定**汇总**复选框,如图 8.5 所示,单击**确定**按钮返回**报表向导**对话框;

⑥ 单击**下一步**按钮,进入**报表向导**对话框之四,确定报表的布局方式,如图 8.6 所示;

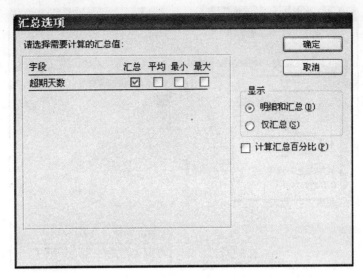

图 8.5　**汇总选项**对话框

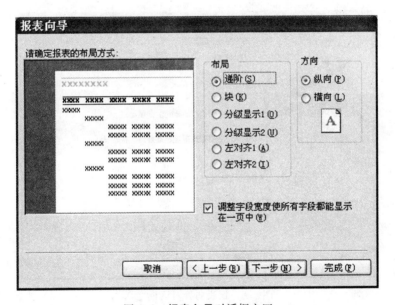

图 8.6　**报表向导**对话框之四

⑦ 单击**下一步**按钮,进入**报表向导**对话框之五,确定报表所用的样式,如图 8.7 所示;

⑧ 单击**下一步**按钮,进入**报表向导**对话框之六,为报表指定标题**超期天数**,如图 8.8 所示;

⑨ 单击**完成**按钮,完成报表的创建,进入报表预览视图,查看报表效果。

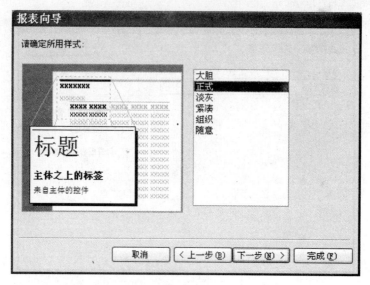

图 8.7   报表向导对话框之五

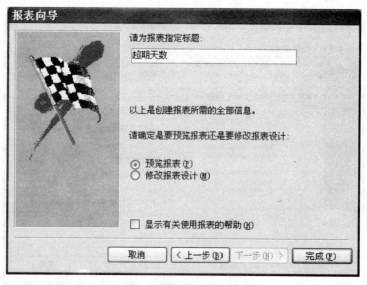

图 8.8   报表向导对话框之六

3. 利用图表向导创建图表报表

利用图表向导对**图书信息表**创建一个图表报表,实验步骤如下:

① 在**图书查询管理系统**数据库窗口中,打开**新建报表**对话框;

② 在**新建报表**对话框中选定**图表向导**,然后在下拉列表框中选定数据源**图书信息表**,用于图表的字段选定**图书编号**、**出版社**和**类别代码**字段,图表的类型选定**柱形图**;

③ 指定数据在图表中的布局方式,如图 8.9 所示,拖动**字段**按钮到示例图表中,单击**预览图表**按钮预览示例图表;

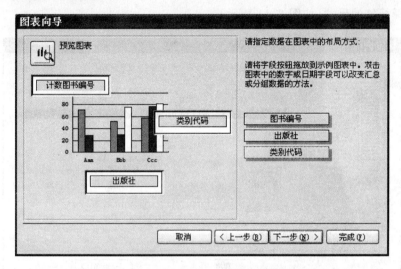

图 8.9 指定数据在图表中的布局方式

④ 指定图表标题为**图书信息**,确定显示图例,如图 8.10 所示;

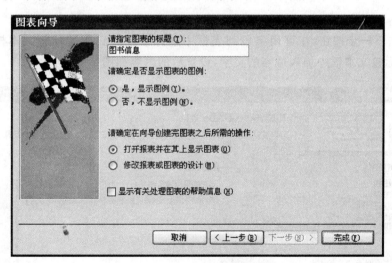

图 8.10 指定图表标题

⑤ 单击**完成**按钮,以**图书信息图表**为名,保存报表。

4. 利用标签向导建立标签报表

利用标签向导对**读者信息表**建立标签报表,实验步骤如下:

① 选定数据库窗口中**报表**对象,打开**新建报表**对话框,选定**标签向导**,用**读者信息表**作为数据来源,单击**确定**按钮,弹出**标签向导**对话框之一;

② 选择标签的尺寸,如图 8.11 所示;

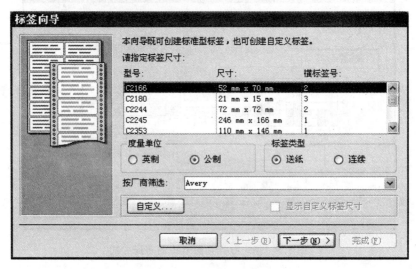

图 8.11   选择标签尺寸

③ 单击**下一步**按钮,设置标签文本的字体、字号、颜色、下划线等。

④ 单击**下一步**按钮,在**可用字段**列表框中选择字段放到**原型标签**文本框的适当位置,在**原型标签**文本框中加入适当的文字,设置后的内容如图 8.12 所示;

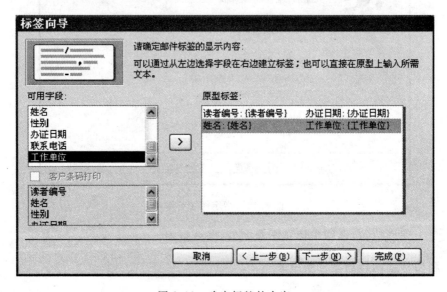

图 8.12   确定标签的内容

⑤ 单击**下一步**按钮,确定排序的字段,在下一步中输入报表的名称**读者信息**;

⑥ 单击**完成**按钮,完成标签报表的设计,预览效果。如果标签报表没有达到预期的效果,可以在设计视图中打开报表进行修改,或者删除该报表后重新运行标签向导。

5. 在设计视图中修改利用向导建立的报表

在设计视图中修改利用向导建立的**超期天数**报表,实验步骤如下:

① 在数据库窗口中选定**报表**对象下的**超期天数**报表,单击**设计**按钮,在设计视图中打开报表,如图 8.13 所示;

图 8.13 设计视图中的**超期天数**报表

② 设置**读者编号**页眉中文本框的属性,字号设为 **9**,字体粗细设为**加粗**;

③ 在**读者编号**页脚中,删除文本框 ="汇总"&"'读者编号' = "&" "&[读者编号] &"("&Count(*) &" "& IIf(Count(*)=1,"明细记录","项明细记录") &")",将标签**总计**改成**累计超期天数**;

④ 将页面页脚中的文本框 =Now( ) 拖到**报表页眉**中,文本对齐设置为**右**;

⑤ 删除**报表页脚**中的标签**总计**和文本框 =Sum;

⑥ 在**读者编号**页脚中添加直线控件,删除**报表页眉**中的直线,调整各直线控件的长短、位置和粗细;

⑦ 调整各个控件的位置和大小,调整节的大小和页面的大小,直到对报表的布局感到满意为止。修改后的**超期天数**报表的设计视图,如图 8.14 所示。

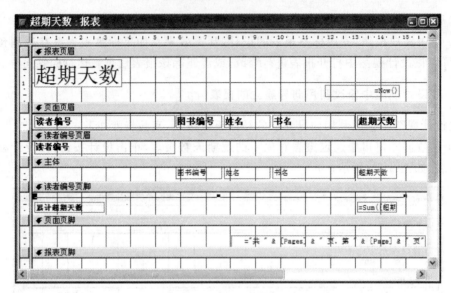

图 8.14   修改后的**超期天数**报表的设计视图

6. 创建分组排序报表

创建一个**超期天数**分组排序报表,实验步骤如下:

① 利用自动创建报表建立一个没有分组排序的报表,如图 8.15 所示,并在设计视图中打开;

图 8.15   自动创建的表格式报表

② 单击**视图**菜单中**排序与分组**命令项,弹出**排序与分组**对话框,设置先按**读者编号**字段升序排列,再按**书名**字段升序排列,如图 8.16 所示;

图 8.16 **排序与分组**对话框

③ 选定**读者编号**字段,在**组属性**中,将**组页眉**和**组页脚**设置成**是**,在设计视图中出现**读者编号页眉**和**读者编号页脚**,所有记录按照**读者编号**进行了分组;

④ 在设计视图中调整**读者编号页眉**的宽度,切换到打印预览视图查看分组间距,直到满意为止;

⑤ 分别设置主体节中**读者编号**和**姓名**文本框的属性,将**格式**选项卡中的**隐藏重复控件**设置为**是**,再切换到打印预览视图,查看经过排序和分组后的报表。

7. 在报表中添加计算控件

在报表中添加计算控件,统计每位读者的**累计超期天数**,以及每个借阅记录超期天数占累计超期天数的百分比,实验步骤如下:

① 接实验步骤 6,在**读者编号页脚**上添加文本框,标签标题为**累计超期天数**,文本框**控件来源**属性设置成表达式**＝Sum([超期天数])**,文本框**名称**为**累计超期天数**,在报表中加入了对每位读者**累计超期天数**的统计,如图 8.17 所示;

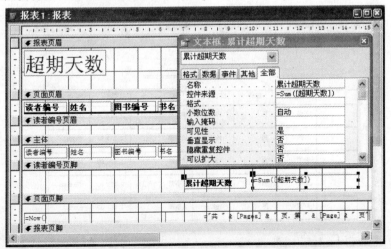

图 8.17 在每个分组中对**超期天数**字段汇总求和

② 在主体节中添加文本框,打开属性窗口,在**控件来源**中输入表达式＝[**超期天数**]/
[**累计超期天数**],**格式**选定**百分比**,**小数位数**选定 **1**,再在页面页眉中对应的位置上添加
标签**比率**,即计算每个借阅记录的超期天数占累计超期天数的百分比,如图 8.18 所示;

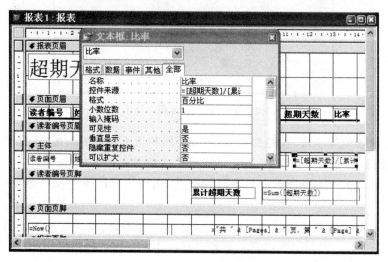

图 8.18　在主体节中添加计算控件

③ 保存报表,将其命名为**统计超期天数**。

『课后练习』

1. 以**员工表**为数据源,利用设计视图创建**员工信息报表**。该报表的预览效果如图
8.19所示。

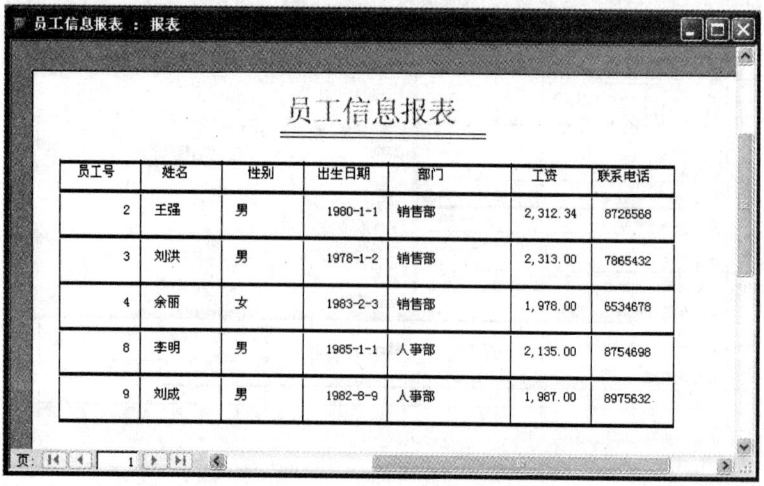

员工号	姓名	性别	出生日期	部门	工资	联系电话
2	王强	男	1980-1-1	销售部	2,312.34	8726568
3	刘洪	男	1978-1-2	销售部	2,313.00	7865432
4	余丽	女	1983-2-3	销售部	1,978.00	6534678
8	李明	男	1985-1-1	人事部	2,135.00	8754698
9	刘成	男	1982-8-9	人事部	1,987.00	8975632

图 8.19　**员工信息报表**的预览效果图

2. 以**商品表**为数据源，利用设计视图创建**商品信息报表**。该报表的预览效果如图 8.20所示。

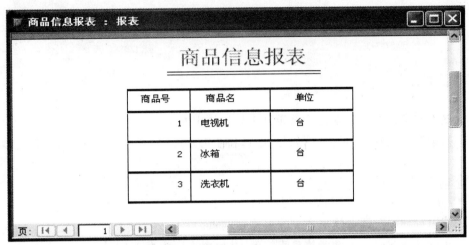

图 8.20 **商品信息报表**的预览效果图

3. 以前面建立的**扩展销售明细**查询为数据源，利用设计视图创建**销售信息报表**。该报表的预览效果如图 8.21 所示。

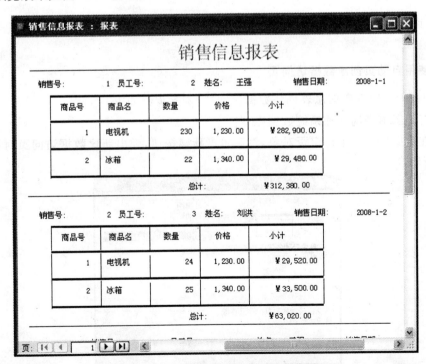

图 8.21 **销售信息报表**的预览效果图

实验九　创建数据访问页

『实验目的』

1. 熟悉和掌握各种数据访问页设计工具的使用方法。
2. 熟悉和掌握数据访问页的创建、编辑和使用方法。

『实验内容』

1. 使用自动页对**读者信息表**创建数据访问页。
2. 在设计视图中添加**读者信息表**标签，并设置主题为**春天**。
3. 使用数据页向导对**图书信息表**创建分组数据访问页。
4. 在设计视图中为**图书信息**数据访问页添加背景图片和滚动文字。

『实验步骤』

1. 使用自动页创建数据访问页

使用自动页对**读者信息表**创建数据访问页，实验步骤如下：

① 打开**图书查询管理系统**数据库；

② 在数据库窗口中选定**页**对象，然后单击**新建**按钮，弹出**新建数据访问页**对话框，如图 9.1 所示；

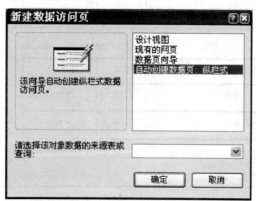

图 9.1　**新建数据访问页**对话框

③ 选定**自动创建数据页：纵栏式**，在数据来源下拉列表框中选定**读者信息表**；

④ 单击**确定按钮**，系统自动在页面视图中显示创建的数据访问页，如图 9.2 所示；

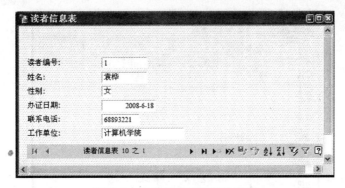

图 9.2　自动创建的数据访问页

⑤ 单击视图中的浏览记录按钮，查看**读者信息表**中的记录，再单击**新建按钮**"▶ "，给**读者信息表**添加两条新记录；

⑥ 单击工具栏上**保存按钮**，弹出**另存为数据访问页**对话框，在对话框中指定数据访问页存放的路径 E:\ Access 实验，文件名为**读者信息**，单击**保存按钮**，完成数据访问页的创建；

⑦ 查看 E:\ Access 实验文件夹中**读者信息**文件的类型，同时观察在数据库窗口中创建的快捷方式，将鼠标指向该快捷方式时有什么反应？

2. 在设计视图中添加标签

在设计视图中添加**读者信息表**标签，并设置主题为**春天**，实验步骤如下：

① 在设计视图中打开**读者信息**数据访问页，单击**单击此处并键入标题文字**标志，输入标题**读者信息表**，并调整数据访问页尺寸，如图 9.3 所示；

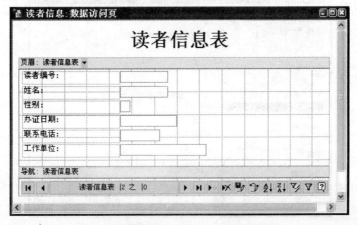

图 9.3　**读者信息数据访问页设计视图**

②　单击**格式**菜单中**主题**命令项,弹出**主题**对话框,在**请选择主题**列表中选定**春天**主题,如图 9.4 所示,单击**确定**按钮;

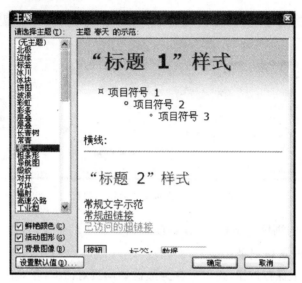

图 9.4　**主题**对话框

③　单击**保存**按钮,保存对**读者信息**数据访问页所作的修改。

3. 使用数据页向导创建分组数据访问页

使用数据页向导对**图书信息表**创建分组数据访问页,实验步骤如下:

①　在数据库窗口中选定**页**对象,然后双击**使用向导创建数据访问页**,弹出**数据页向导**对话框之一,如图 9.5 所示;

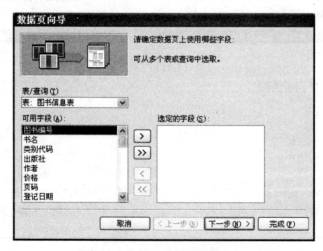

图 9.5　**数据页向导**对话框之一

② 在**表/查询**下拉列表框中选定**图书信息表**,单击"<u>>></u>"按钮,将**可用字段**列表框中的全部字段加入到**选定的字段**列表框中;

③ 单击**下一步**按钮,进入**数据页向导**对话框之二,采用一级分组,使用**出版社**字段作为分组依据,如图 9.6 所示;

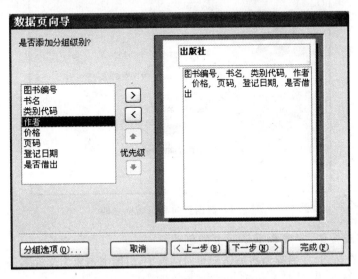

图 9.6 **数据页向导**对话框之二

④ 单击**下一步**按钮,进入**数据页向导**对话框之三,以**图书编号**字段为依据进行升序排序,如图 9.7 所示;

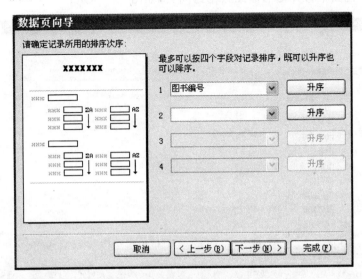

图 9.7 **数据页向导**对话框之三

⑤ 单击**下一步按钮**,进入**数据页向导**对话框之四,为该数据页指定标题为**图书信息表**并选定**修改数据页的设计**单选按钮,如图 9.8 所示;

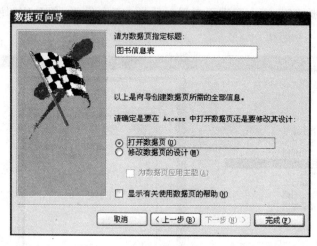

图 9.8　**数据页向导**对话框之四

⑥ 单击**完成按钮**,完成数据访问页的创建;

⑦ 单击**保存按钮**,在**另存为数据访问页**对话框中,以**图书信息**为文件名保存数据访问页。

4. 在设计视图中为数据访问页添加背景图片和滚动文字

在设计视图中为**图书信息**数据访问页添加背景图片和滚动文字,实验步骤如下:

① 在设计视图中打开**图书信息**数据访问页,如图 9.9 所示;

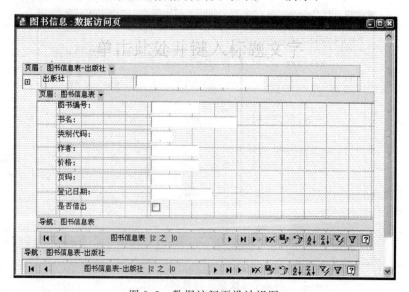

图 9.9　数据访问页设计视图

② 单击**格式**菜单背景级联菜单中**图片**命令项,弹出**插入图片**对话框中,在对话框中找到作为背景的图片文件,如图 9.10 所示,单击**插入**按钮;

图 9.10 插入图片对话框

③ 单击工具箱中**滚动文字**按钮"",将鼠标指针移到数据访问页上要添加滚动文字的位置拖动,以确定滚动文字的位置,松开鼠标后在滚动文字控件框中输入要滚动显示的文字**浏览图书信息**;

④ 单击工具栏上**属性**按钮"",打开属性对话框,将滚动文字的字体设为**隶书**、字号为 **24pt**、颜色为 **blue**、运动方式为默认方式,如图 9.11 所示;

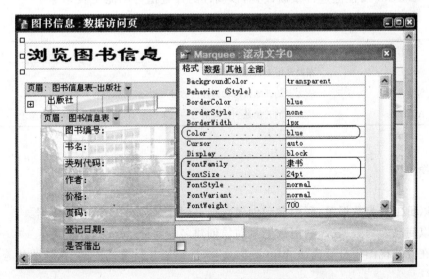

图 9.11 滚动文字的设置

⑤ 切换到页面视图,查看添加的背景图片和滚动文字的效果,如图 9.12 所示;

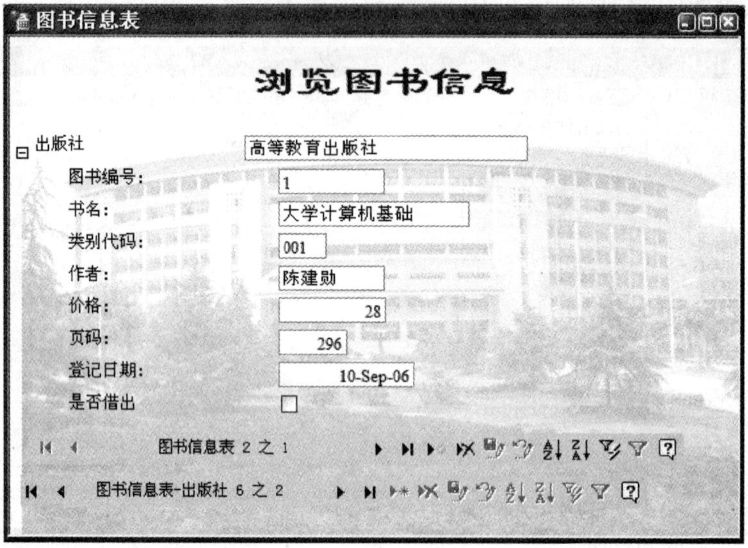

图 9.12　添加背景图片和滚动文字后的**图书信息**数据访问页

⑥ 单击**保存**按钮,保存对**图书信息**数据访问页所作的修改;

⑦ 打开 IE 浏览器,单击**文件**菜单中**打开**命令项,选定要打开的数据访问页 **E:\Access 实验\图书信息.htm**,然后单击**确定**按钮,查看网页内容及显示效果。

说明:滚动文字默认的运动方式是从右向左地运动,如果需要设定与之不同的运动方式,应将 Behavior 属性值进行重新设置,该属性的设置值与功能见表 9.1。

表 9.1　Behavior 属性值及功能

属性值	功　　能
Scroll	在控件中连续流动
Slide	从文字的开始处滑动到控件的另一边,然后保持在屏幕上
Alternate	从文字的开始处到控件的另一边来回滚动,并且总是保持在屏幕上

『课后练习』

1. 以**员工**表为数据源,利用自动创建数据页创建名为**员工.htm** 的数据页。
2. 以**商品**表为数据源,利用数据页向导创建名为**商品.htm** 的数据页。
3. 在设计视图中打开**商品.htm** 数据页,添加标题并设置其主题、背景图片等。

实验十　宏的创建和使用

『实验目的』

1. 掌握宏设计器的使用。
2. 熟悉和掌握宏的创建过程。
2. 熟悉和掌握宏组的创建过程。
3. 熟悉和掌握条件宏的创建过程。

『实验内容』

1. 创建一个**密码验证**窗体，使用条件宏检验用户输入的密码，如果正确，打开**读者信息维护**窗体，如果不正确则提示**密码错误!**。

2. 使用宏建立如图 10.1 所示的菜单，功能见表 10.1。

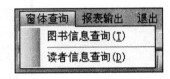

图 10.1　系统菜单

表 10.1　菜单功能

窗 体 查 询	报 表 输 出	退　　出
图书信息查询	输出读者信息	
读者信息查询	输出超期天数	

『实验步骤』

1. 创建窗体使用条件宏检验用户输入的密码

创建一个**密码验证**窗体，使用条件宏检验用户输入的密码，如果正确，打开**读者信息维护**窗体，如果不正确则提示**密码错误!**，实验步骤如下：

① 建立一个**密码验证**窗体，如图 10.2 所示；

② 打开窗体的"属性"对话框，在**格式**选项卡中将**导航按钮**属性的值设置为**否**；

③ 打开文本框 **Text1** 的"属性"对话框，在**数据**选项卡中将**输入掩码**属性的值设置为**密码**，如图 10.3 所示，使密码框中输入的密码以"＊"显示；

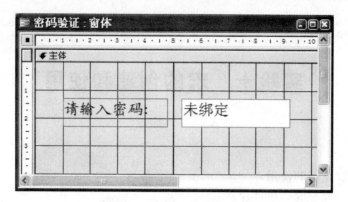

图 10.2 **密码验证**窗体设计视图

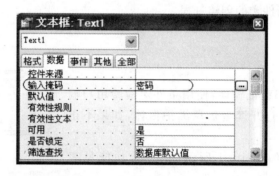

图 10.3 文本框 **Text1** 的**输入掩码**属性

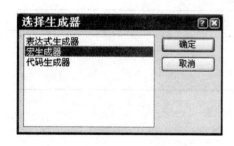

图 10.4 **选择生成器**对话框

④ 在 **Text1**"属性"对话框的**事件**选项卡中,单击**更新后**一行右侧的浏览按钮"[…]",弹出**选择生成器**对话框,如图 10.4 所示;

⑤ 选定**宏生成器**,单击**确定**按钮,在**另存为**对话框中输入宏名称**密码验证**,再单击**确定**按钮,打开"宏设计"窗口;

⑥ 单击**视图**菜单中**条件**命令项,增加**条件**列;

⑦ 在第一行的**条件**列输入条件[**Forms**]![**密码验证**]![**Text1**]="**1234**",在该行的**操作**列选定 **OpenForm** 命令,在操作参数区的**窗体名称**行中选定**读者信息维护**;

⑧ 在第二行的**条件**列中输入省略号,在该行的**操作**列选定 **Close** 命令,在操作参数区的**对象类型**中选定**窗体**,在**对象名称**中选定**密码验证**;

⑨ 在第三行的**条件**列中输入条件[**Forms**]![**密码验证**]![**Text1**]<>"**1234**",在该行的**操作**列选定 **MsgBox** 命令,在操作参数区的**消息**行中输入**密码错误!**,如图 10.5 所示;

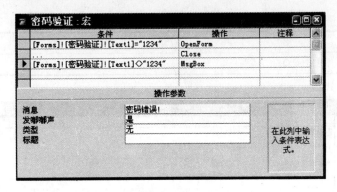

图 10.5　宏设计窗口

⑩ 单击**保存按钮**,然后关闭宏设计窗口,并保存对窗体所做的修改;

⑪ 在窗体视图中打开**密码验证**窗体,分别向文本框中输入正确密码 **1234** 和错误密码,观察窗体的运行情况。

2. 使用宏建立系统菜单

使用宏建立如图 10.1 所示的菜单,功能见表 10.1,实验步骤如下:

① 为每个下拉菜单创建宏组(即建立三个宏组),宏组名分别为**窗体查询**、**报表输出**和**退出**,见表 10.2,10.3 和 10.4,**窗体查询**宏组的设计视图如图 10.6 所示;

表 10.2　窗体查询宏组的设置

宏　名	操　作	操作参数
图书信息查询(&T)	Close	
	OpenDataAccessPage	数据访问页名称:图书信息,视图:浏览
-		
读者信息查询(&D)	Close	
	OpenForm	窗体名称:读者信息表,视图:窗体

注:"-"是菜单分隔符,必须用英文半角;"&T"为菜单设置快捷键,也必须用英文半角。

表 10.3　报表输出宏组的设置

宏　名	操　作	操作参数
输出读者信息(&S)	Close	
	OpenReport	报表名称:读者信息_纵栏式,视图:打印预览
-		
输出超期天数(&C)	Close	
	OpenReport	报表名称:超期天数,视图:打印预览

表 10.4　　退出宏组的设置

宏　　名	操　　作
退出(&Q)	Quit

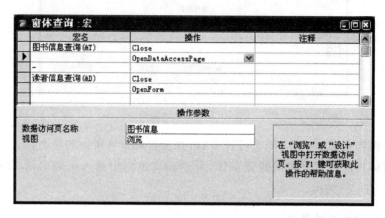

图 10.6　**窗体查询**宏组的设计视图

② 建立一个名为**水平菜单**的宏,将所有下拉菜单组合到水平菜单,见表 10.5,**水平菜单宏**的设计视图如图 10.7 所示;

表 10.5　　水平菜单宏的设置

宏　　名	操　作　参　数
AddMenu	菜单名称:窗体查询,菜单宏名称:窗体查询
AddMenu	菜单名称:报表输出,菜单宏名称:报表输出
AddMenu	菜单名称:退出,菜单宏名称:退出

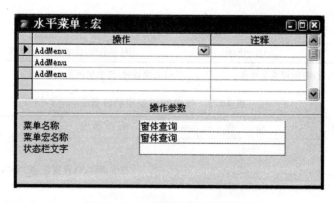

图 10.7　**水平菜单宏**的设计视图

③ 在**读者信息表**窗体的设计视图中,打开窗体属性对话框,在**其他**选项卡的**菜单栏**

中输入宏名**水平菜单**，如图 10.8 所示；

④ 在**读者信息_纵栏式**报表和**超期天数**报表中进行同样的操作；

⑤ 打开其中一个窗体或报表，就能出现如图 10.1 所示的菜单。

图 10.8　**读者信息表**窗体属性对话框

『课后练习』

1. 按图 10.9 所示效果，创建**员工信息查询**窗体。该窗体中的查询按钮通过宏命令的方法，打开图 10.10 所示的**员工信息浏览**窗体。

图 10.9　**员工信息查询**窗体的运行效果图

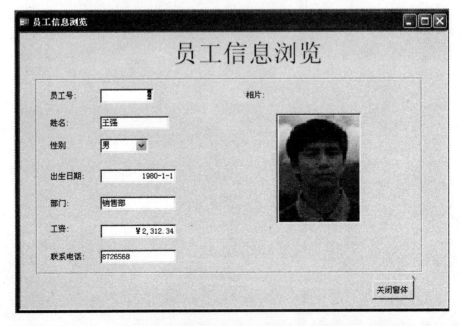

图 10.10　**员工信息浏览**窗体的运行效果图

提示：**员工信息浏览**窗体使用前面已建立的参数查询**员工查询**为数据源，对**员工查询**可设置其**员工号**字段的条件参数为**员工信息查询**窗体中文本框的值，例如，该文本框的名称为**文本 1**，则其**员工号**字段的条件参数可设置为 [**Forms**]！[**员工信息查询**]！[**文本 1**]。

2. 以前面建立的参数查询**商品查询**为数据源，按照第 1 题的方法，创建一个类似该功能的**商品信息查询**窗体。

3. 以前面建立的参数查询**销售查询**为数据源，按照第 1 题方法，创建一个类似该功能的**销售信息查询**窗体。

实验十一 SQL 的数据定义和数据操作语句

『实验目的』

1. 掌握应用 CREATE TABLE 语句定义表的基本方法。
2. 掌握应用 ALTER TABLE 语句修改表结构的基本方法。
3. 掌握应用 DROP TABLE 语句删除表的基本方法。
4. 掌握应用 INSERT，DELETE，UPDATE 等语句进行记录的插入、删除和更新的基本方法。

『实验内容』

1. 在**图书查询管理系统**中创建一个**热点图书表**，表结构与**图书信息表**相同，参见表 2.1；再创建一个**热点图书借阅表**，表结构与**借阅信息表**相同，参见表 3.1。
2. 修改**热点图书借阅表**的结构，增加一个**借阅编号**字段。
3. 删除实验五中建立的**图书信息备份表**。
4. 为**热点图书表**和**热点图书借阅表**添加新记录。
5. 更新**热点图书表**的数据。
6. 删除**热点图书借阅表**的有关数据。

『实验步骤』

1. 用 CREATE TABLE 语句定义表

在**图书查询管理系统**中创建一个**热点图书表**，表结构与**图书信息表**相同，参见表2.1，设置**图书编号**为主键；再创建一个**热点图书借阅表**，表结构与**借阅信息表**相同，参见表 3.1，实验步骤如下：

① 打开**图书查询管理系统**数据库，选定**查询**对象；

② 在数据库窗口中，单击**新建**按钮，弹出**新建查询**对话框；

③ 双击**设计视图**选项，打开**选择查询**窗口和**显示表**对话框，如图 11.1 所示；

④ 直接关闭**显示表**对话框，单击**查询**菜单 **SQL** 特定查询级联菜单中**数据定义**命令项，打开**数据定义查询**窗口；

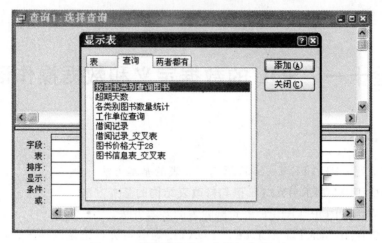

图 11.1   选择查询窗口和显示表对话框

⑤ 输入创建表的 SQL 语句

```
CREATE TABLE 热点图书表
      (图书编号 TEXT(10) PRIMARY KEY,书名 TEXT(20),
       类别代码 TEXT(5),出版社 TEXT(20),作者 TEXT(10),
       价格 SINGLE,页码 INTEGER,登记日期 DATE,是否借出 LOGICAL)
```

如图 11.2 所示；

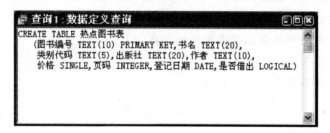

图 11.2   SQL 数据定义查询窗口

⑥ 单击工具栏上运行按钮" "，执行 SQL 语句；

⑦ 关闭查询窗口，输入查询名称数据表定义查询（热点图书），则新建立的查询出现在图书查询管理系统窗口中；

⑧ 在数据库窗口中选定表对象，查看表列表框中是否增加了一个热点图书表，在设计视图中打开热点图书表，查看其表结构。

⑨ 重复以上步骤创建热点图书借阅表，其中 SQL 语句为

```
CREATE TABLE 热点图书借阅表
      (读者编号 TEXT(10),图书编号 TEXT(10),借书日期 DATE,
       还书日期 DATE,超出天数 INTEGER,罚款金额 SINGLE)
```

⑩ 保存查询为**数据表定义查询（热点图书借阅）**。

说明：（1）也可以在打开**选择查询**窗口后，单击**视图**菜单中 **SQL 视图**命令项，在 SQL 窗口中直接输入上面的 SQL 语句来建立查询；

（2）每个数据定义查询只能包含一条数据定义语句；

（3）在 SQL 语句中，INTEGER 为长整型，FLOAT 为双精度型，LOGICAL 为是否型。

2. 用 ALTER TABLE 语句修改表结构

修改热点图书借阅表的结构，增加一个**借阅编号**字段，实验步骤如下：

① 在**图书查询管理系统**数据库窗口中选定**查询**对象；

② 双击**在设计视图中创建查询**，关闭弹出的**显示表**对话框；

③ 单击**查询**菜单 **SQL 特定查询**级联菜单中**数据定义**命令项，打开**数据定义查询**窗口；

④ 在**数据定义查询**窗口中，输入修改表结构的 SQL 语句

　　ALTER TABLE 热点图书借阅表 ADD 借阅编号 Text(10)

⑤ 单击工具栏上**运行按钮**"　！　"，执行 SQL 语句，完成修改表结构的操作；

⑥ 在设计视图中打开**热点图书借阅表**，查看其表结构。

3. 用 DROP TABLE 语句删除表

删除实验五中建立的**图书信息备份表**，实验步骤如下：

① 在**图书查询管理系统**数据库窗口中打开**数据定义查询**窗口；

② 在**数据定义查询**窗口中，输入删除表的 SQL 语句

　　DROP TABLE 图书信息备份表

③ 单击工具栏上**运行按钮**"　！　"，执行 SQL 语句，完成删除表的操作，**图书信息备份表**表将从**图书查询管理系统**数据库窗口消失。

4. 用 INSERT 语句进行记录的插入

（1）在**热点图书表**中添加新记录，实验步骤如下：

① 在**图书查询管理系统**数据库窗口中打开**数据定义查询**窗口；

② 在**数据定义查询**窗口中，输入添加记录的 SQL 语句

　　INSERT INTO 热点图书表 VALUES("R01","数据库技术及应用研究","002",
　　　　"高等教育出版社","张力明",28.8,325,　2008-4-2,　yes)

③ 单击工具栏上**运行按钮**"　！　"，执行 SQL 语句，完成插入数据的操作；

④ 在数据表视图中打开热点图书表，查看表中的记录。

说明：如果省略字段列表，VALUES 子句必须包含表中每一字段的值。

（2）在**热点图书借阅表**中添加新记录，实验步骤如下：

① 在**数据定义查询**窗口中，输入 SQL 语句

```
INSERT INTO 热点图书借阅表(读者编号,图书编号,借书日期)VALUES("j01",
    "R01", 2008-4-25 )
```

② 在数据表视图中打开热点图书借阅表，查看表中的记录。

5. 用 UPDATE 语句进行记录的更新

更新**热点图书表**的数据，实验步骤如下：

① 在**图书查询管理系统**数据库窗口中打开**数据定义查询**窗口；

② 在**数据定义查询**窗口中，输入更新数据的 SQL 语句

```
UPDATE 热点图书表 SET 价格=30.8 WHERE 图书编号 ="R01"
```

③ 单击工具栏上**运行按钮**"　"，执行 SQL 语句，完成更新数据的操作。

6. 用 DELETE 语句进行记录的删除

删除**热点图书借阅表**的有关数据，实验步骤如下：

① 在**图书查询管理系统**数据库窗口中打开**数据定义查询**窗口；

② 在**数据定义查询**窗口中，输入删除数据的 SQL 语句

```
DELETE FROM 热点图书借阅表 WHERE 图书编号 ="R01"
```

③ 单击工具栏上**运行按钮**"　"，执行 SQL 语句，完成删除数据的操作。

『课后练习』

1. 用 ALTER TABLE 语句将**热点图书表**中的**作者**字段大小由 10 改为 15，再删除表中的**页码**字段。

2. 用 DROP TABLE 语句删除实验五中建立的**图书类别备份表**。

3. 用 INSERT 语句为**热点图书表**及**热点图书借阅表**各添加三条记录。

实验十二　SQL 的数据查询语句

『实验目的』

1. 熟练掌握 SQL 数据查询语句 SELECT 的基本结构。
2. 掌握 SELECT 语句中特殊运算符及聚合函数的使用。
3. 掌握 SELECT 语句中对数据进行分组和排序的方法。
4. 掌握多个表的连接查询。
5. 掌握 SELECT 语句的嵌套查询。

『实验内容』

1. 简单查询。
2. 带特殊运算符的条件查询。
3. 计算查询。
4. 分组与计算查询。
5. 排序。
6. 连接查询。
7. 嵌套查询。
8. 联合查询。

『实验步骤』

1. 简单查询

实验步骤如下：

① 在**图书查询管理系统**数据库窗口中选定**查询**对象；

② 双击**在设计视图中创建查询**，关闭弹出的**显示表**对话框；

③ 单击视图菜单中 **SQL 视图**命令项，打开**选择查询**窗口；

④ 在**选择查询**窗口中输入 SQL 语句

　　SELECT 读者编号,姓名,性别,工作单位

　　　FROM 读者信息表

如图 12.1 所示；

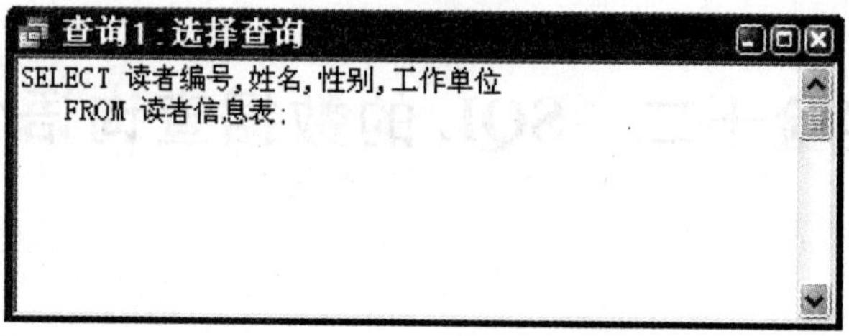

图 12.1　SQL 查询窗口

⑤ 单击工具栏上**运行按钮**"　　"，执行 SQL 语句，观察屏幕显示的查询结果；

⑥ 关闭查询窗口，输入查询名称**实验 12_1**，保存查询。

按要求进行查询，对下面的 SELECT 语句填空，并上机操作验证。

（1）查询**读者信息表**中所有工作单位为**计算机学院**的记录。

```
SELECT *
    FROM 读者信息表
    WHERE _____
```

（2）从**图书信息表**中查询所有的出版单位。

```
SELECT 出版单位_____ FROM 图书信息表
```

2. 带特殊运算符的条件查询

按要求进行查询，对下面的 SELECT 语句填空，并上机操作验证。

（1）查询**读者信息表**中所有在 2007 年办证的记录。

```
SELECT _____
    FROM 读者信息表
    WHERE 办证日期 BETWEEN _____
```

（2）查询**读者信息表**中姓**李**的读者的记录。

```
SELECT *
    FROM 读者信息表
    WHERE 姓名 _____ "李*"
```

（3）查询**图书信息表**中科学出版社和龙门书局的图书。

```
SELECT 书名,作者,出版社,价格 FROM 图书信息表
    WHERE 出版社 _____ ("科学出版社","龙门书局")
```

3. 计算查询

按要求进行查询，对下面的 SELECT 语句填空，并上机操作验证。

（1）从**图书信息表**中查询科学出版社所出图书的平均价格。

```
    SELECT AVG(_____) AS 平均价格
        FROM 图书信息表
        WHERE _____
```
（2）统计**读者信息表**的读者人数。
```
    SELECT _____ AS 读者人数
        FROM 读者信息表
```

4. 分组与计算查询

按要求进行查询，对下面的 SELECT 语句填空，并上机操作验证。

（1）统计**图书信息表**按**类别代码**进行分组的图书数量。
```
    SELECT 类别代码 _____ AS 书籍数量
        FROM 图书信息表
        GROUP BY _____
```
（2）在**图书信息表**中查询各个出版社的图书最高价格、平均价格和册数。
```
    SELECT 出版社,MAX(价格),_____,_____
        FROM 图书信息表 _____ 出版社
```
（3）输出**图书信息表**中有三本以上（含三本）图书的出版社。
```
    SELECT 出版社
        FROM 图书信息表
        GROUP BY 出版社 HAVING _____
```

5. 排序

按要求进行查询，对下面的 SELECT 语句填空，并上机操作验证。

（1）查询**读者信息表**中所有**性别**为**男**，并按**办证日期**降序排列的记录。
```
    SELECT *
        FROM 读者信息表
        WHERE _____
        ORDER BY _____
```
（2）查询**图书信息表**中价格最低的前 20％的图书。
```
    SELECT _____ 书名,价格
        FROM 图书信息表
        ORDER BY _____
```

6. 连接查询

按要求进行查询，对下面的 SELECT 语句填空，并上机操作验证。

（1）从**读者信息表**和**借阅信息表**中，查询所有借书的读者情况。
```
    SELECT 读者信息表.读者编号,姓名,性别,借书日期,还书日期
```

```
        FROM 读者信息表,借阅信息表
        WHERE _____
```

（2）从**图书信息表**、**读者信息表**和**借阅信息表**中，查询所有借书的读者所借图书的情况。

```
    SELECT DZ.读者编号,姓名,性别,TS.图书编号,书名,作者,借书日期,还书日期
        FROM 读者信息表 AS DZ,图书信息表 AS TS,借阅信息表 AS JY
        WHERE _____
```

7. 嵌套查询

按要求进行查询，对下面的 SELECT 语句填空，并上机操作验证。

（1）从**图书信息表**和**图书类别表**中，查询**专业**图书的情况。

```
    SELECT 图书编号,书名,作者,出版社,价格,页码
        FROM 图书信息表
        WHERE 类别代码 =
            (SELECT 类别代码
             FROM 图书类别表
             WHERE _____)
```

（2）从**读者信息表**和**借阅信息表**中，查询 2007 年借阅图书的读者情况。

```
    SELECT 读者编号,姓名,性别,联系电话,工作单位
        FROM 读者信息表
        WHERE 读者编号 IN
            (SELECT DISTINCT 读者编号
             FROM 借阅信息表
             WHERE _____)
```

（3）从**借阅信息表**中，查询借书日期至少比**图书编号**为 **2** 的其中一个借书日期早的借阅图书的情况。

```
    SELECT *
        FROM 借阅信息表
        WHERE 借书日期 < _____
            (SELECT 借书日期
             FROM 借阅信息表
             WHERE 图书编号 = "2")
```

（4）从**借阅信息表**中，查询借书日期比**图书编号**为 **2** 的所有借书日期都早的借阅图书的情况。

```
    SELECT *
        FROM 借阅信息表
        WHERE 借书日期 < _____
```

```
       (SELECT 借书日期
        FROM 借阅信息表
        WHERE 图书编号 = "2")
```

（5）从**读者信息表、借阅信息表**和**图书信息表**中,查询借阅过**计算机学报**的读者情况。

```
    SELECT 读者编号,姓名,性别,联系电话,工作单位
       FROM 读者信息表
       WHERE 读者编号 _____
          (SELECT DISTINCT 读者编号
           FROM 借阅信息表
           WHERE 图书编号 _____
              (SELECT 图书编号
               FROM 图书信息表
               WHERE 书名 = "计算机学报"))
```

8. 联合查询

按要求进行查询,对下面的 SELECT 语句填空,并上机操作验证。

创建联合查询,将实验十一中建立的**热点图书表**和实验五中建立的**未借出图书表**中的**书名、作者**和**出版社**字段的记录合并起来。

```
    SELECT 书名,作者,出版社
       FROM 热点图书表

       _____
        SELECT 书名,作者,出版社
        FROM 未借出图书;
```

实验十三　模块的建立与应用

『实验目的』

1. 理解模块的概念,掌握创建模块的方法。
2. 掌握 VBA 流程控制语句的用法及功能。
3. 熟悉为窗体和控件事件编写 VBA 代码的方法。

『实验内容』

1. 建立一个名为**模块 1** 的标准模块,求圆的面积。
2. 建立一个名为**模块 2** 的标准模块,用函数求 n 的阶乘 $n!$。
3. 建立一个名为**计算**的窗体,通过命令按钮调用**模块 1** 和**模块 2**。
4. 建立一个名为 **form1** 的窗体,通过单选按钮打开不同的文件。
5. 建立一个名为**登录**的窗体,当用户输入正确的用户名及密码时,显示**欢迎进入图书管理查询系统**,并打开上面建立的 **form1** 窗体。如果连续三次输入错误的用户名或密码,则自动退出。

『实验步骤』

1. 建立标准模块一

建立一个名为**模块 1** 的标准模块,求圆的面积。用 InputBox 语句输入半径 r,MsgBox 语句显示面积 s。实验步骤如下:

① 打开**图书查询管理系统**数据库;

② 选定**模块**对象,单击**新建**按钮,打开"VBA 模块"窗口,如图 13.1 所示;

③ 在窗口中输入程序

```
Public Sub area()
    Const PI As Single = 3.14159
    Dim s,r As String
    r = InputBox("请输入半径:")
    s = Round(PI * r * r, 2)
    MsgBox s, ,"圆的面积是:"
```

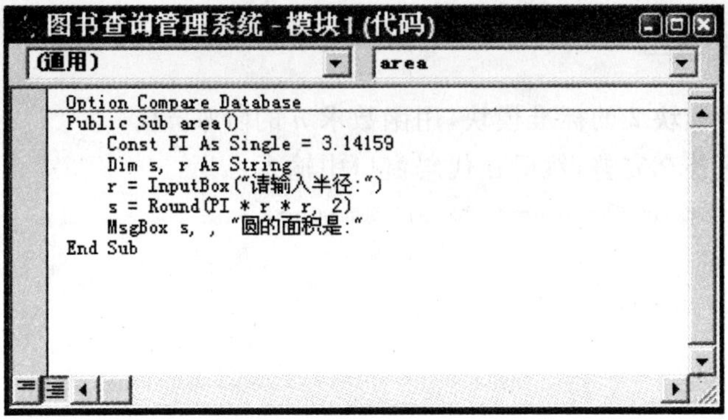

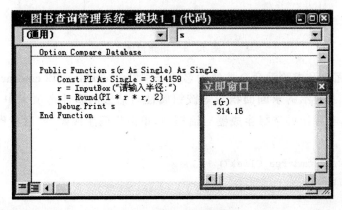

图 13.1　"VBA 模块"窗口

　　　End Sub

④ 保存为**模块 1**；

⑤ 单击**运行菜单**中**运行子过程/用户窗体**命令项，在弹出的信息框中输入半径值 **10**，弹出的消息框中显示运行结果，即圆的面积 **314.16**；

⑥ 将**模块 1** 改为用函数实现，在**立即窗口**中输出面积 *s*，命名为**模块 1_1**，在代码窗口中输入程序

```
Public Function s(r As Single) As Single
    Const PI As Single = 3.14159
    r = InputBox("请输入半径:")
    s = Round(PI * r * r, 2)
    Debug.Print s
End Function
```

⑦ 单击**视图**菜单中**立即窗口**命令项，在**立即窗口**中输入函数名 **s（r）**，回车后在弹出的信息框中输入半径值 **10**，则在**立即窗口**得到运行结果，如图 13.2 所示。

图 13.2　VBA 的**立即窗口**

2. 建立标准模块二

建立一个名为**模块 2** 的标准模块,用函数求 n 的阶乘 $n!$。

将下面的程序补充完整,然后在代码窗口中输入:

```
Public Function fac(n As Integer) As Long
    fac =  1
    Do While n >=1
        _____
        _____
    Loop
End Function
```

3. 建立类模块一

建立一个名为**计算**的窗体,当单击**求圆面积**命令按钮时,调用**模块 1** 中的 area 子过程;当单击**求阶乘**命令按钮时,调用**模块 2** 中的 fac 函数。实验步骤如下:

① 在设计视图中新建一个窗体,在窗体上添加两个命令按钮,并进行相关的属性设置,如图 13.3 所示;

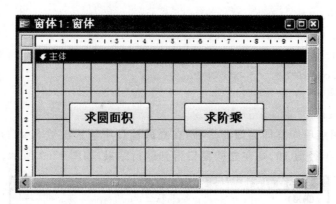

图 13.3 新建窗体

② 将**求圆面积**及**求阶乘**命令按钮的名称分别设为 **cmdarea** 和 **cmdfac**;

③ 在图 13.4 所示的**求圆面积**命令按钮属性对话框的**事件**选项卡中,单击**单击**行右侧的"…"按钮,在弹出的**选择生成器**对话框中,单击**代码生成器**,然后在**代码窗口**中输入代码

```
Private Sub cmdarea_Click()
    Call area
End Sub
```

如图 13.5 所示;

图 13.4　命令按钮属性对话框**事件**选项卡　　　　图 13.5　命令按钮代码窗口

④ 用同样的方法输入**求阶乘**命令按钮的单击事件代码

```
Private Sub Cmndfac_Click()
    Dim n As Integer, result As Long
    n = InputBox("请输入 n:")
    result = fac(n)
    MsgBox ("阶乘为:" & result)
End Sub
```

⑤ 保存窗体,命名为**计算**;

⑥ 运行窗体。

4. 建立类模块二

建立一个名为 **form1** 的窗体,通过单选按钮打开不同的文件,实验步骤如下:

① 在设计视图中新建一个窗体,在窗体上添加一个选项组控件(名称为 **Frame4**)、一个标签和一个命令按钮(名称为 **Com1**);

② 在**选项组向导**对话框中输入标签名称,如图 13.6 所示;

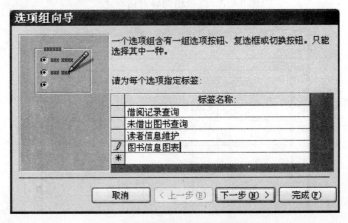

图 13.6　**选项组向导**对话框之一

③ 单击**下一步**按钮,选择对应标签的值分别为 **1,2,3,4**,如图 13.7 所示;

④ 按向导提示完成设置,设计效果如图 13.8 所示;

⑤ 在**确定**按钮的单击事件中输入代码

```
Private Sub Com1_Click()
    Select Case Me.Frame4
        Case 1
          DoCmd.OpenQuery "借阅记录"
        Case 2
          DoCmd.OpenQuery "未借出图书查询"
        Case 3
          DoCmd.OpenForm "读者信息维护"
        Case 4
          DoCmd.OpenReport "图书信息图表"
    End Select
End Sub
```

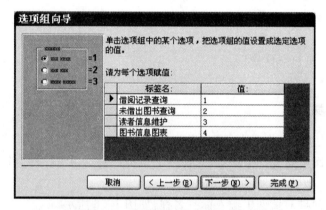

图 13.7 **选项组向导**对话框之二

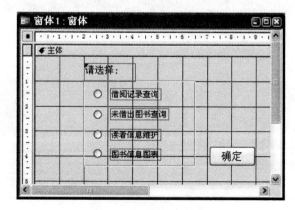

图 13.8 **窗体设计视图**

⑥ 保存并运行窗体。

5. 建立类模块三

建立一个名为**登录窗体**，如图 13.9 所示。其中，**用户名**的文本框名称为 **tuser**，**密码**文本框的名称为 **tword**，**确定**按钮的名称为 **Com1**，右上角标签名称为 **lab1**，标签的标题为 **1**，其作用是计数三次。

打开窗体时，**确定**按钮不可用，光标停留在**用户名**文本框中，当用户名及密码输入正确时，显示**欢迎进入图书管理查询系统**，并打开上面建立的 **form1** 窗体。如果连续三次输入错误的用户名或密码，则自动退出。

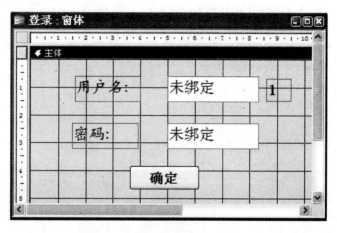

图 13.9　**登录窗体设计视图**

VBA 代码如下：

```
Private Sub Form_Open(Cancel As Integer)
    Com1.Enabled = False
    Me.Lab1.Visible = False
    Form.KeyPreview = True
End Sub
Private Sub Com1_Click()
    Dim username, password As String
    username = "chen2008"
    password = "1234"
    If UCase(Me.tuser.Value) <> UCase(username) Or Me.tword.Value _
      <> password Then
        MsgBox ("错误的用户名或密码,请重新输入!")
        Me.tuser.Value = ""
        Me.tword.Value = ""
```

```
            Me.tuser.SetFocus
            Me.Lab1.Caption = CStr(CInt(Me.Lab1.Caption) + 1)
            If CInt(Me.Lab1.Caption) > 3 Then
                DoCmd.Close , , acSaveNo
            End If
        Exit Sub
    End If
    MsgBox ("欢迎进入图书查询管理系统")
    DoCmd.OpenForm "form1"
End Sub
Private Sub Form_KeyUp(KeyCode As Integer, Shift As Integer)
    Select Case Me.ActiveControl.Name
      Case "tuser"
        If Me.ActiveControl.Text = "" Or IsNull(Me.ActiveControl.Text) Then
            Com1.Enabled = False
            Exit Sub
        Else
            If Me.tword.Value = "" Or IsNull(Me.tword.Value) Then
                Com1.Enabled = False
                Exit Sub
            End If
        End If
      Case "tword"
          If Me.ActiveControl.Text = "" Or IsNull(Me.ActiveControl.Text) Then
            Com1.Enabled = False
            Exit Sub
          Else
          If Me.tuser.Value = "" Or IsNull(Me.tuser.Value) Then
              Com1.Enabled = False
              Exit Sub
          End If
        End If
      Case Else
          Exit Sub
    End Select
    Com1.Enabled = True
    Lab1.Visible = True
    Exit Sub
```
保存并运行窗体。

实验十四 应用系统开发实例(一)

『实验目的』

1. 掌握应用系统开发的基本方法。
2. 掌握控制面板窗体的创建过程。
3. 掌握数据库密码的设置与取消。
4. 掌握启动窗体的设置。
5. 掌握系统的集成打包。

『实验内容』

1. 创建商品销售管理系统的控制面板窗体。
2. 设置和取消**商品销售管理**数据库的密码。
3. 设置**商品销售管理**数据库的启动窗体。
4. 将**商品销售管理.MDB** 数据库打包成 MDE 文件。

『实验步骤』

1. 创建商品销售管理系统的控制面板窗体

商品销售管理系统总体设计如图 14.1 所示。按此设计图,**商品销售管理系统**中有**主窗体**、**信息录入**、**信息查询**和**报表打印** 4 个控制面板窗体,其中**主窗体**为一级控制面板窗体,用于连接其他三个二级控制面板窗体,二级控制面板窗体用于连接前面课后练习中所完成的各功能窗体。

创建**主窗体**的实验步骤如下:

① 在"设计视图"中打开窗体;

② 打开窗口属性对话框,将属性**记录选择器**与**导航按钮**的值均设置为**否**;

③ 按图 14.2 所示的样式,在窗体窗口中,分别添加相应的控件并调整各控件相应的位置,设置标题、字体名称、大小等属性,使其界面美观(本例中使用了 5 个标签控件,4 个按钮控件,1 个图像控件,1 个矩形框控件);

④ 在**宏**对象窗口中,建立一个名为**宏 1** 的宏组,以创建本窗体中 4 个命令按钮控件

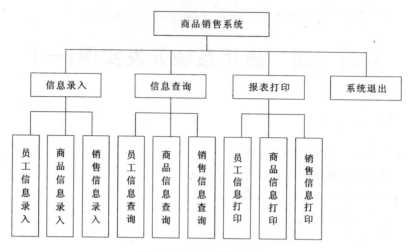

图 14.1   系统总体设计图

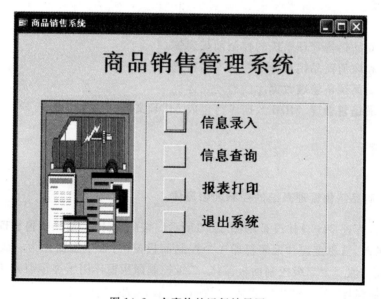

图 14.2   **主窗体**的运行效果图

的单击触发事件,如图 14.3 所示(在建立该宏组中,前面三个宏 **m1**,**m2**,**m3** 实现打开窗体的操作 **OpenForm**,分别对应打开**信息录入**、**信息查询**和**报表打印**三个控制面板窗体,最后一个宏 **m4** 为退出数据库的操作 **Quit**);

⑤ 设置各命令按钮的**单击**事件对应到相应的宏命令,如**信息录入**所对应命令按钮的**单击**事件设置为**宏 1. m1**,如图 14.4 所示(其他三个按钮按此方法分别设置其**单击**事件到所对应的宏命令);

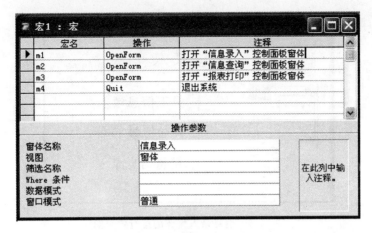

图 14.3　**主窗体**中宏的建立

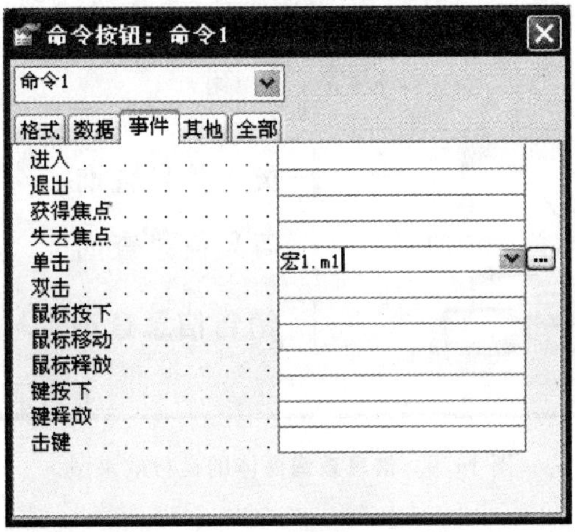

图 14.4　命令按钮属性的设置

⑥ 保存所建立的窗体为**主窗体**。

系统二级控制面板窗体的创建与主窗体的建立类似,其运行的效果视图分别如图 14.5~14.7 所示。

对于**信息录入**控制面板窗体,其连接的窗体为实验七课后练习中所建立的**员工信息录入、商品信息录入**和**销售信息录入**三个窗体。

对于**信息查询**控制面板窗体,其连接的窗体为实验十课后练习中所建立的**员工信息查询、商品信息查询**和**销售信息查询**三个窗体。

对于**报表打印**控制面板窗体,其连接的报表为实验八课后练习中所建立的**员工信息报表、商品信息报表**和**销售信息报表**三个报表。

这些二级控制面板窗体的命令按钮相对应的宏命令的设置如图 14.8 所示。应注意

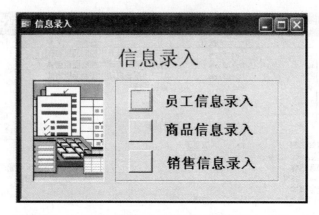

图 14.5　**信息录入**窗体的运行效果图

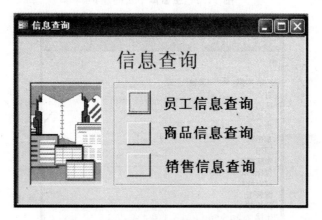

图 14.6　**信息查询**窗体的运行效果图

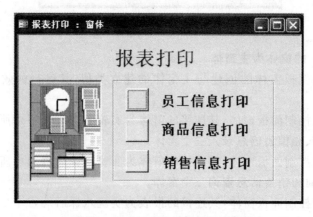

图 14.7　**报表打印**窗体的运行效果图

对于**信息录入**和**信息查询**控制面板窗体其对应的宏操作为打开窗体 **OpenForm**，而**报表打印**控制面板窗体其对应的宏操作为打开报表 **OpenReport**。

图 14.8　二级控制面板窗体对应宏的设置

2. 设置和取消数据库的密码

(1) 设置**商品销售管理**数据库的用户密码，实验步骤如下：

① 以独占方式打开数据库；

② 单击**工具**菜单**安全**级联菜单中**设置数据库密码**命令项，弹出**设置数据库密码**对话框；

③ 在**密码**和**验证**文本框中分别输入要设置的用户密码，如图 14.9 所示；

④ 单击**确定**按钮，若密码与验证文本框中输入的内容相同，则完成了数据库密码的设置。

设置完密码后，当打开数据库时，系统会弹出对话框，要求用户输入密码，只有密码正确才能进行下一步的操作。

(2) 取消**商品销售管理**数据库的用户密码，实验步骤如下：

① 以独占方式打开数据库，输入数据库密码，进入到"数据库"窗口；

② 单击**工具**菜单**安全**级联菜单中**撤消数据库密码**命令项，弹出**撤消数据库密码**对话框；

③ 在**密码**文本框中输入数据库密码，如图 14.10 所示；

图 14.9 **设置数据库密码**对话框   图 14.10 **撤消数据库密码**对话框

④ 单击**确定**按钮,若密码正确,则取消对数据库密码的设置。

3. 设置数据库的启动窗体

设置**商品销售管理**数据库的启动窗体,实验步骤如下:

① 单击**工具**菜单中**启动**命令项,弹出**启动**对话框;

② 设置**应用程序标题**为**商品销售管理系统**,**显示窗体/页**为**主窗体**,如图 14.11 所示;

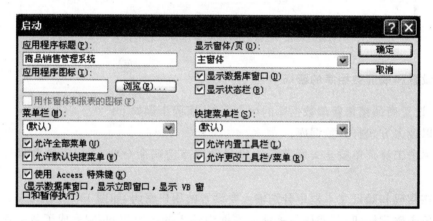

图 14.11 **启动**对话框

③ 单击**确定**按钮完成启动窗体的设置。

设置好启动窗体后,进入**商品销售管理系统**时,系统将自动弹出**主窗体**。

4. 将 MDB 数据库打包成 MDE 文件

将**商品销售管理.MDB** 数据库打包成 MDE 文件,实验步骤如下:

① 单击**工具**菜单**数据库实用工具**级联菜单中**生成 MDE 文件**命令项,弹出**将 MDE 保存为**对话框,如图 14.12 所示;

② 单击**确定**按钮,系统将生成一个**商品销售管理.MDE** 文件。

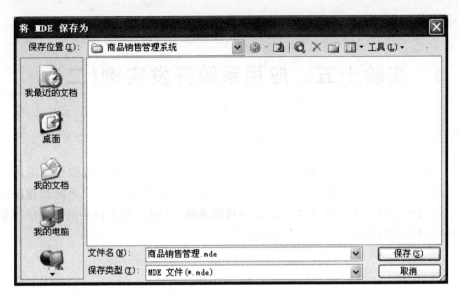

图 14.12　MDE 文件的生成

实验十五　应用系统开发实例(二)

『实验目的』

　　学习和使用 Access 2003 数据库管理系统软件的目的是能够进行数据库应用系统的开发和设计,本实验将利用教材各章节所讲的知识,应用 VB 作为用户界面和程序设计的前台语言,结合贯穿本书的实例**图书馆查询管理系统**,介绍如何进行小型数据应用系统的开发,从而对实验内容进行全面、系统的总结。

『实验内容』

　　1. 系统功能分析。
　　2. 系统功能模块设计。
　　3. 系统数据库设计。
　　4. 系统窗体和程序设计。
　　5. 应用程序编译安装。

『实验步骤』

1. 系统功能分析

　　本系统用于图书馆各种信息的查询和管理,主要任务是用计算机对图书馆各种信息进行日常管理,如查询、修改、添加和删除等操作。应针对这些要求,设计该图书馆查询管理系统的功能要求如下:
　　(1) 该系统主要包括系统管理、图书信息管理、读者信息管理和借阅信息管理等。
　　(2) 系统管理部分主要是对该系统的用户和密码信息进行管理。
　　(3) 图书信息管理部分主要进行图书信息的添加、修改和查询及对图书类别的添加和修改。
　　(4) 读者信息管理部分主要完成对系统的读者信息进行管理,包括对读者信息的添加、修改和查询。
　　(5) 借阅信息管理部分主要完成对系统的借书信息和还书信息进行管理,包括对借书信息的添加、修改和查询及还书信息的添加、修改和查询。

2. 系统功能模块设计

采用模块化设计思想,可以大大提高设计的效率,并且可以最大限度地减少不必要的错误。根据系统功能分析,本系统的功能模块图如图 15.1 所示。

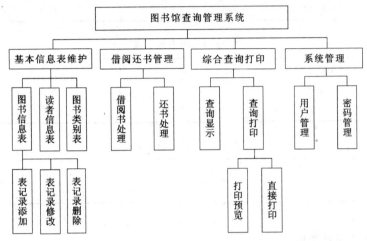

图 15.1 系统功能模块图

3. 系统数据库设计

在数据库应用系统的开发过程中,数据库的设计是一个重要的环节。数据库设计的好坏直接影响到应用程序的设计效率和应用效果。通过分析,该系统的数据库(图书馆查询管理数据库)包含 5 个基本数据表,其结构见表 15.1~15.5。

表 15.1 图书信息表

字段名称	数据类型	字段大小	字段名称	数据类型	字段大小
书籍编号	文本	10	书籍价格	数字	单精度型
书籍名称	文本	20	书籍页码	数字	整型
类别代码	文本	5	登记日期	日期/时间	—
出版社	文本	20	是否借出	是/否	—
作者姓名	文本	10			

表 15.2 读者信息表

字段名称	数据类型	字段大小	字段名称	数据类型	字段大小
读者编号	文本	10	联系电话	文本	8
读者姓名	文本	10	工作单位	文本	20
读者性别	文本	1	家庭地址	文本	30
办证日期	日期/时间	—			

表 15.3   借阅信息表

字段名称	数据类型	字段大小	字段名称	数据类型	字段大小
读者编号	文本	10	还书日期	日期/时间	—
图书编号	文本	10	超出天数	数字	整型
借书日期	日期/时间	—	罚款金额	数字	单精度型

表 15.4   图书类别表

字段名称	数据类型	字段大小	字段名称	数据类型	字段大小
类别代码	文本	5	借出天数	数字	整型
书籍类型	文本	10			

表 15.5   用户信息表

字段名称	数据类型	字段大小	字段名称	数据类型	字段大小
用户名	文本	10	用户密码	文本	8

4. 系统窗体和程序设计

图书馆查询管理系统的工作窗口是由具有不同功能的窗体提供的,主要窗体包括系统登录窗体、系统主界面窗体、数据维护窗体和数据查询窗体等。

1) 登录窗体设计

登录窗体的主要任务是输入用户名和密码,如果用户和密码正确,则调用系统主界面窗体,使用户进入数据库应用系统环境。

登录窗体如图 15.2 所示,窗体所含控件见表 15.6。

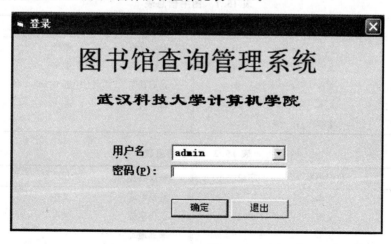

图 15.2   登录窗体

表 15.6　登录窗体控件一览表

控件名称	控件类型	标题	绑定数据	数据来源
Label1	标签	图书馆查询管理系统	无	无
Label2	标签	武汉科技大学计算机学院	无	无
Labels(0)	标签数组	用户名	无	无
Labels(1)	标签数组	密码	无	无
Combo1	组合框	无	用户名称	用户输入
txtPassword	文本框	无	用户密码	用户输入
cmdOK	命令按钮	确定	无	无
cmdCancel	命令按钮	退出	无	无
Adodc1	Ado 对象	无	图书查询系统数据库	用户信息表

模块源代码如下：

```
    Public path As String                          '当前目录
    Public ssql As String                          'sql 命令串
    Public ptitle As String                        '打印表标题
    Public pfield(1 To 30) As Integer              '记录每个字段预留宽度
    Public precord() As String                     '记录数组
    Public record_count As Integer                 '记录总数
    Public Sub init_ado(adonum As Adodc)
    '公共子过程:初始化 ADO 控件,绑定当前目录下图书查询系统.mdb 数据库
        s = adonum.ConnectionString
        s = Replace(s,"C:\图书查询系统.mdb",path)
        adonum.ConnectionString = s
        adonum.Refresh
    End Sub
    Public Sub read_user(adonum As Adodc,buffer() As String,n As Integer)
    '公共子程序:读出用户登记表信息到缓冲区
    '参数说明:adonum-ado 数据对象,buffer-缓冲区,n-用户总数
    adonum.Recordset.MoveFirst
    n = adonum.Recordset.RecordCount               '记录总数
    For i = 1 To n
        buffer(i,1) = adonum.Recordset.Fields(0)
        If adonum.Recordset.Fields(1) < >  "" Then
            buffer(i,2) = adonum.Recordset.Fields(1)
        End If
    adonum.Recordset.MoveNext
```

```
    Next i
    End Sub
    Public Sub write_user(adonum As Adodc, buffer() As String,n As Integer)
    '公共子程序:缓冲区数据写入到用户登记表
    n1 = adonum.Recordset.RecordCount
    For i = 1 To n1                                        '先清除表中记录
        adonum.Recordset.MoveFirst
        adonum.Recordset.Delete
    Next i
    For i = 1 To n                                         '后写入
        adonum.Recordset.AddNew
        adonum.Recordset.Fields(0) = buffer(i,1)
        adonum.Recordset.Fields(1) = buffer(i,2)
        adonum.Recordset.Update
    Next i
    End Sub
    Sub Main()                                             '启动入口
        path = CurDir()                                    '取得当前目录
        path = path + "\图书查询系统.mdb"
        FileCopy path,"c:\图书查询系统.mdb"
        Dim fLogin As New frmLogin                         '调用登录窗体
        fLogin.Show vbModal
        If Not fLogin.OK Then                              '登录失败,退出应用程序
            End
        End If
        Unload fLogin
        Load frmmain                                       '登陆应用程序主窗体
        frmmain.Show
    End Sub
```

登录窗体源代码如下:

```
    Public OK As Boolean
    Dim buffer(1 To 50,1 To 2) As String                  '用户名信息缓冲区
    Dim usernum As Integer                                '用户数
    Private Sub Form_Load()                               '初始化
        Call init_ado(Adodc1)
        Call read_user(Adodc1, buffer,usernum)            '读出用户信息表
        For i = 1 To usernum
            Combo1.AddItem buffer(i,1)                     '初始化用户名组合框
```

```
    Next i
    Combo1.Text = buffer(1,1)
End Sub
Private Function userindex() As Integer        '查找用户名索引号
    userindex = 50                             '设定不超过 50 个用户
    For i = 1 To usernum
        If buffer(i,1) = Combo1.Text Then
            userindex = i
            Exit For
        End If
    Next i
End Function
Private Sub cmdCancel_Click()                  '取消
    OK = False
    Me.Hide
End Sub
Private Sub cmdOK_Click()                       '确定
    '创建测试密码是否正确
    Index = userindex()
    If Index <> 50 And txtPassword.Text = buffer(Index,2) Then
        OK = True                              '检查正确密码
        Me.Hide
    Else
        MsgBox "密码错误,再试一次!",, "登录"
        Combo1.SetFocus
        txtPassword.SelStart = 0
        txtPassword.SelLength = Len(txtPassword.Text)
    End If
End Sub
```

2) 系统主界面窗体设计

系统主界面窗体实现数据库应用系统中其他窗体的调用,同时也表明了本系统所具备的主要功能。系统主界面窗体如图 15.3 所示。

3) 表的维护窗体设计

表的维护窗体综合了三个需要直接进行数据操作的信息表的维护,这三个表分别是图书信息表、读者信息表和图书类别表。维护包含输入、修改和删除记录三方面的操作。

信息表维护窗体如图 15.4 所示,窗体包含主要控件见表 15.7。

图 15.3　系统主界面窗体

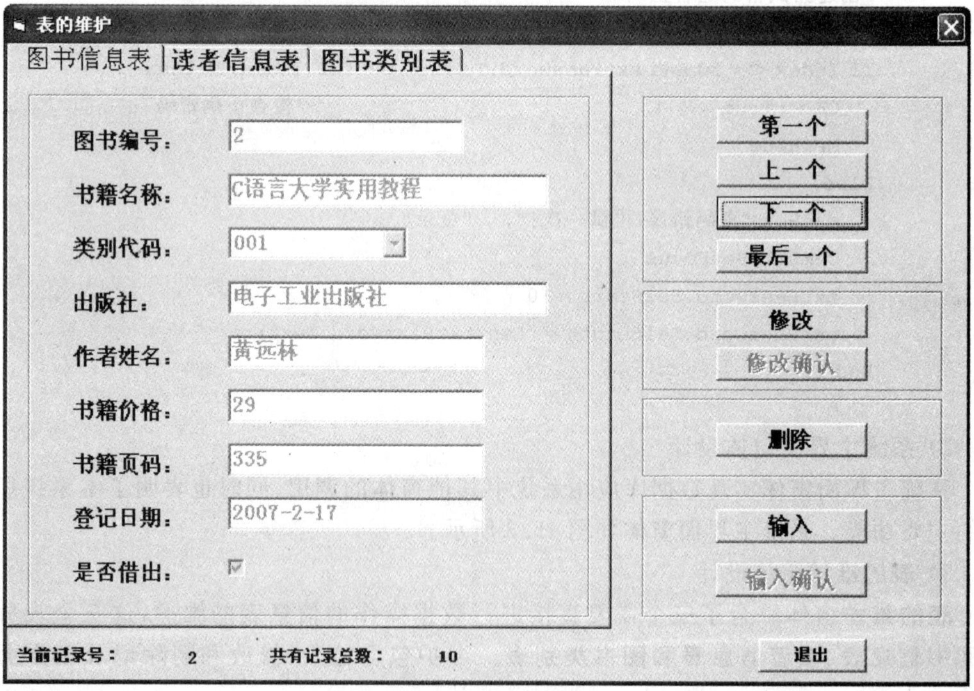

图 15.4　表的维护窗体

表 15.7　表的维护窗体主要控件一览表

控件名称	控件类型	标题	绑定数据	数据来源
Label3	标签	无	显示记录总数	程序代码
Label5	标签	无	显示当前记录号	程序代码
Combo1	组合框	无	Adodc1	类别代码字段
Text1(0-11)	文本框数组	无	Adodc1-adodc4	各信息表中的字段
Command(0-8)	命令按钮组	第一个等	无	无
Adodc1	Ado 对象	无	图书查询系统数据库	图书信息表
Adodc2	Ado 对象	无	图书查询系统数据库	图书类别表
Adodc3	Ado 对象	无	图书查询系统数据库	读者信息表
Adodc4	Ado 对象	无	图书查询系统数据库	图书类别表

表的维护窗体源代码如下：

```
Private Sub Command2_Click(Index As Integer)          '响应命令单击事件
    Select Case SSTab1.Tab
        Case 0                                        '页框第一个选项,处理图书信息表
            Call select_ado(Adodc1,Index,0,6)
        Case 1                                        '页框第二个选项,处理读者信息表
            Call select_ado(Adodc3,Index,7,13)
        Case 2                                        '页框第三个选项,处理图书类别表
            Call select_ado(Adodc4,Index,14,16)
    End Select
End Sub
Private Sub select_ado(adonum As Adodc,Index As Integer,n1 As Integer,_
n2 As Integer)
'处理命令按钮子过程
'参数说明:adonum—ado 控件名称;index—命令按钮组索引号;n1,n2—文本框控件组起_
始索引号
    Select Case Index
        Case 0                                        '处理命令按钮"第一个"
            adonum.Recordset.MoveFirst                '记录指针移到首记录
            Call init_xgsc(adonum)                    '删除修改按钮禁止设置
        Case 1                                        '上一个
            If Not adonum.Recordset.BOF Then
                adonum.Recordset.MovePrevious         '记录指针移到上个记录
            End If
            Call init_xgsc(adonum)
```

```
        Case 2                                              '下一个
      If Not adonum.Recordset.EOF Then
        adonum.Recordset.MoveNext                           '记录指针移到下个记录
        End If
        Call init_xgsc(adonum)
      Case 3                                                '最后一个
        adonum.Recordset.MoveLast                           '记录指针移到最后记录
        Call init_xgsc(adonum)
      Case 4                                                '修改
        Call init_combo                                     '初始化类别代码组合框
        Call init_command2(False)                           '禁用命令按钮
        Call setenable(True,n1,n2)                          '启用各文本框
        Command2(5).Enabled = True                          '启用修改确认命令按钮
      Case 5                                                '修改确认
        adonum.Recordset.Update                             '写入到数据库
        Call unload_combo                                   '清除组合框中列表项
        Call init_command2(True)                            '启用各命令按钮
        Call setenable(False,n1,n2)                         '禁用文本框
        Call init_qr(False)                                 '禁用确认命令按钮
      Case 6                                                '删除
        If MsgBox("真的删除吗?",1 + 32 + 256) = 1 Then
            adonum.Recordset.Delete                         '删除当前记录
            adonum.Recordset.MoveFirst
        End If
      Case 7                                                '添加
        adonum.Recordset.AddNew                             '添加新记录
        Text1(n1).Text = adonum.Recordset.RecordCount       '编号取默认值
        Call init_combo
        Call init_command2(False)
        Call setenable(True,n1,n2)
        Command2(8).Enabled = True
      Case 8                                                '输入确认
        adonum.Recordset.Update
        Call unload_combo
        Call init_command2(True)
        Call setenable(False,n1,n2)
        Call init_qr(False)
        adonum.Recordset.MoveLast
```

```
        End Select
    Label5.Caption = adonum.Recordset.AbsolutePosition          '显示当前记录号
    Label3.Caption = adonum.Recordset.RecordCount               '显示记录总数
End Sub
Private Sub init_command2(tt As Boolean)
'子过程:可用或禁用所有命令按钮设置
    For i = 0 To 8
        Command2(i).Enabled = tt
    Next i
End Sub
Private Sub init_combo()
'子过程:类别代码组合框初始化,列出已有的类别代码
    s = Combo1.Text
    Adodc2.Refresh                                              'adodc2 绑定了图书类别表
    Adodc2.Recordset.MoveFirst
    n = Adodc2.Recordset.RecordCount                            '记录总数
    For i = 0 To n - 1
        Combo1.AddItem Adodc2.Recordset.Fields(0),I             '添加到组合框
        Adodc2.Recordset.MoveNext
    Next i
        Combo1.Text = s
End Sub
Private Sub unload_combo()
'子过程:删除类别代码组合框中所有列表项
    s = Combo1.Text
    For i = 0 To Combo1.ListCount - 1
        Combo1.RemoveItem 0
    Next i
        Combo1.Text = s
End Sub
Private Sub setenable(tt As Boolean,n1 As Integer,n2 As Integer)
'子过程:设置显示数据控件可修改或不可修改
'参数说明:n1-n2 文本框控件组起始编号
    For i = n1 To n2
        Text1(i).Enabled = tt
    Next i
    Combo1.Enabled = tt
    Check1.Enabled = tt
```

```
End Sub
Private Sub init_qr(tt As Boolean)
'子过程:确认修改和确认输入命令按钮可用或禁用设置
    Command2(5).Enabled = tt
    Command2(8).Enabled = tt
End Sub
Private Sub init_xgsc(adonum As Adodc)
'子过程:修改和删除命令按钮可用或禁用设置
    If adonum.Recordset.EOF Or adonum.Recordset.BOF Then
        Command2(4).Enabled = False
        Command2(6).Enabled = False
    Else
        Command2(4).Enabled = True
        Command2(6).Enabled = True
    End If
End Sub
Private Sub Form_Load()                                    '加载窗体
    Call init_ado(Adodc1)
    Call init_ado(Adodc2)
    Call init_ado(Adodc3)
    Call init_ado(Adodc4)
    Call setenable(False, 0, 16)
    Call init_qr(False)
End Sub
Private Sub Command1_Click()                               '退出
    Me.Hide
    Unload Me
End Sub
```

4) 借阅还书管理窗体设计

借阅还书管理窗体含有借阅和还书两个功能,处理的数据对象是借阅信息表,同时需要修改图书信息表中是否借出字段,读出图书类别表中可借出天数字段。

借阅还书管理窗体如图 15.5 所示,窗体主要控件见表 15.8。

借阅还书管理窗体源代码如下:

```
Private Sub setenable(tt As Boolean,n1 As Integer,n2 As Integer)
'子过程:设置显示数据控件可修改或不可修改
'参数说明:n1-n2 文本框控件组起始编号
    For i = n1 To n2
        Text1(i).Enabled = tt
    Next i
```

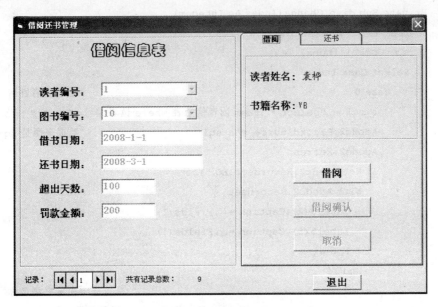

图 15.5　借阅还书管理窗体

表 15.8　借阅还书管理窗体主要控件一览表

控件名称	控件类型	标题	绑定数据	数据来源
Label3	标签	无	显示记录总数	程序代码
Label5(2)	标签数组	无	显示读者姓名	程序代码
Label5(3)	标签数组	无	显示书籍名称	程序代码
Combo1(0-1)	组合框数组	无	Adodc1	读者编号、书籍编号
Text1(0-3)	文本框数组	无	Adodc1	借阅信息表字段
Command(0-2)	命令按钮组	借阅等	无	无
Adodc1	Ado 对象	无	图书查询系统数据库	借阅信息表
Adodc2-3	Ado 对象	无	图书查询系统数据库	Select 查询结果
Adodc4	Ado 对象	无	图书查询系统数据库	读者信息表
Adodc5	Ado 对象	无	图书查询系统数据库	图书信息表

```
    End Sub
    Private Sub setcomboenable(tt As Boolean)
    '子过程:设置列表框控件可修改或不可修改
      Combo1(0).Enabled =  tt
      Combo1(1).Enabled =  tt
    End Sub
```

```
Private Sub disp_Change(Index As Integer)
'子过程:显示读者姓名和书籍名称
  s = Combo1(Index).Text
  Select Case Index
    Case 0                                            '显示读者姓名
      s_sql = "select * from 读者信息表 where 读者编号=" + "'" + s + "'"
      Adodc2.RecordSource = s_sql                     '数据来源是 sql 命令串
      Adodc2.Refresh
      If Not Adodc2.Recordset.EOF Then
        With Adodc2.Recordset
          Label5(2).Caption = .Fields(1)
          Label5(5).Caption = .Fields(1)
        End With
      End If
    Case 1                                            '显示书籍名称
      s_sql = "select * from 图书信息表 where 图书编号=" + "'" + s + "'"
      Adodc3.RecordSource = s_sql
      Adodc3.Refresh
      If Not Adodc3.Recordset.EOF Then
        With Adodc3.Recordset
          Label5(3).Caption = .Fields(1)
          Label5(4).Caption = .Fields(1)
        End With
      End If
  End Select
  Adodc1.Caption = Adodc1.Recordset.AbsolutePosition  '显示当前记录号
  Label3.Caption = Adodc1.Recordset.RecordCount       '显示记录总数
End Sub
Private Sub init_combo(gn As Integer)
'子过程:读者编号和图书编号列表框初始化,列出已借阅图书的读者编号和图书编号
'参数说明:gn= 0:列出;gn= 1:删除列表项
  s1 = Combo1(0).Text
  s2 = Combo1(1).Text
  Select Case gn
    Case 0                                            '列出列表项
      Adodc4.Refresh                                  'adodc4 绑定读者信息表
        n = Adodc4.Recordset.RecordCount
```

```
            Adodc4.Recordset.MoveFirst
            Combo1(0).Enabled = True
            Combo1(1).Enabled = True
            For i = 0 To n - 1
                Combo1(0).AddItem Adodc4.Recordset.Fields(0),i
                Adodc4.Recordset.MoveNext
            Next i
                Adodc5.Refresh                          'adodc5绑定图书信息表
                Adodc5.Recordset.MoveFirst
                n = Adodc5.Recordset.RecordCount
            For i = 0 To n - 1
                Combo1(1).AddItem Adodc5.Recordset.Fields(0), i
                Adodc5.Recordset.MoveNext
            Next i
        Case 1                                          '删除列表项
            For i = 0 To Combo1(0).ListCount - 1
                Combo1(0).RemoveItem 0
            Next i
            For i = 0 To Combo1(1).ListCount - 1
                Combo1(1).RemoveItem 0
            Next i
                Combo1(0).Enabled = False
                Combo1(1).Enabled = False
    End Select
    Combo1(0).Text = s1
    Combo1(1).Text = s2
End Sub
Private Sub Command2_Click(Index As Integer)
'子过程:处理借阅和还书命令
    Select Case Index
    Case 0                                              '借阅
        Call setcomboenable(True                        '组合框可用
        Call init_combo(0)                              '添加列表项
        Adodc1.Recordset.AddNew                         '添加一条借阅记录
        Command2(0).Enabled = False                     '借阅命令按钮禁用
        Command2(2).Enabled = False                     '还书命令按钮禁用
        Command2(1).Enabled = True                      '借阅确认按钮启用
```

```
    Command3.Enabled = True                          '可取消
Case 1                                               '借阅确认
  s_sql = "select * from 读者信息表 where 读者编号= " + "'" +_
    Combo1(0) + "'"
    Adodc2.RecordSource = s_sql
  Adodc2.Refresh
  lg1 = Adodc2.Recordset.EOF
  If lg1 Then                                        '不存在的读者编号
    MsgBox ("该读者不存在")
  End If
  s_sql = "select * from 图书信息表 where 图书编号=" + "'" +_
    Combo1(1).Text + "'"
  Adodc3.RecordSource = s_sql
  Adodc3.Refresh
  lg2 = Adodc3.Recordset.EOF
  If Not lg2 Then                                    '是否存在该书籍编号
    lg2 = Adodc3.Recordset.Fields(8)
  End If
  If lg2 Then                                        '是否已经借出
    MsgBox ("该图书不存在或已借出")
    End If
    If Not lg1 And Not lg2 Then
      nbs = Adodc3.Recordset.Fields(2)
      s_sql= "select* from 图书类别表 where 类别代码=" + "'" + nbs + "'"
      Adodc2.RecordSource = s_sql
      Adodc2.Refresh
      ts = Adodc2.Recordset.Fields(2)                '取得可借出天数
      Text1(0).Text = Date                           '填写借书日期和还书日期
      Text1(1).Text = Date + ts
      Text1(2).Text = 0
      Text1(3).Text = 0
      Adodc3.Recordset.Fields(8) = True              '指定该书已借出
      Adodc3.Recordset.Update
      Adodc1.Recordset.Update
      Command2(0).Enabled = True                     '启用借阅命令按钮
      Command2(2).Enabled = True                     '启用还书命令按钮
      Command2(1).Enabled = False                    '禁用借阅确认
```

```
                Command3.Enabled = False              '禁用取消按钮
                Call setcomboenable(False)            '禁用组合框
                Call init_combo(1)                    '删除列表项
            End If
        Case 2                                        '还书
          If MsgBox("真的要还吗?", 1 + 32 + 256) = 1 Then
            s_sql = "select * from 图书信息表 where 图书编号=" + "'" +_
              Combo1(1).Text + "'"
            Adodc3.RecordSource = s_sql
            Adodc3.Refresh
            Adodc3.Recordset.Fields(8) = False        '清除已借出标记
            Adodc3.Recordset.Update
            Adodc1.Recordset.Delete                   '删除借阅信息记录
            Adodc1.Recordset.MoveFirst
          End If
      End Select
End Sub
Private Sub Combo1_Change(Index As Integer)           '响应组合框变化事件
    Call disp_Change(Index)
    If SSTab1.Tab = 1 And Index = 1 And Text1(1).Text <> "" Then
      ts = Date - CDate(Text1(1).Text)                '计算超出天数和还款金额
      If ts >= 0 Then
        Text1(2).Text = ts
        Text1(3).Text = ts * 2
      Else
          Text1(2).Text = 0
          Text1(3).Text = 0
      End If
    End If
  End Sub
  Private Sub Combo1_LostFocus(Index As Integer)      '响应组合框失去焦点事件
      Call disp_Change(Index)
  End Sub
  Private Sub Command1_Click()                         '退出
    Me.Hide
    Unload Me
  End Sub
  Private Sub Command3_Click()                         '取消
```

```
        Me.Hide
        Unload Me
    End Sub
    Private Sub Form_Load()                         '初始化
        Call init_ado(Adodc1)
        Call init_ado(Adodc2)
        Call init_ado(Adodc3)
        Call init_ado(Adodc4)
        Call init_ado(Adodc5)
        Call disp_Change(0)                         '显示读者姓名
        Call disp_Change(1)                         '显示书籍名称
        Call setcomboenable(False)                  '禁用组合框
        Call setenable(False,0,3)                   '禁用文本框
        Command2(1).Enabled = False                 '禁用确认命令
        Command3.Enabled = False                    '禁用取消命令
    End Sub
```

5) **综合查询窗体设计**

　　综合查询窗体是一个查询设计器,可实现多表连接并按条件查询。查询结果输出有两个途径,一是浏览,二是直接打印。

　　综合查询窗体如图 15.6 所示,窗体主要控件见表 15.8。

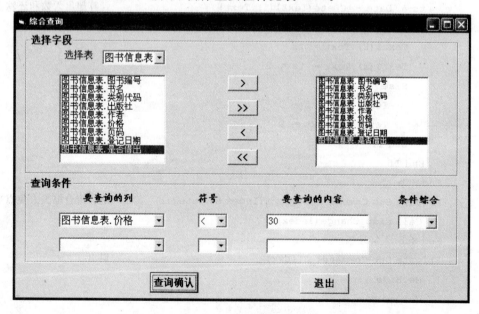

图 15.6　**综合查询窗体**

表 15.8 查询设计器窗体主要控件一览表

控件名称	控件类型	标题	绑定数据	数据来源
Combo1	组合框	无	选择表	程序代码
Combo2	组合框	无	查询条件第一个字段	程序代码
Combo3	组合框	无	查询条件第一个符号	程序代码
Combo4	组合框	无	综合条件	程序代码
Text1-2	文本框	无	要查询的内容	用户输入
List1-2	列表框	无	选择字段	程序代码
Command1-4	命令按钮	'＞'等	无	无
Command5-6	命令按钮	查询确认	无	无
Adodc1	Ado 对象	无	图书查询系统数据库	Select 查询结果

综合查询窗体源代码如下:

```
Dim tabel_select(1 To 4) As Integer
'标记数组,1-4分别代表图书信息表,读者信息表,借阅信息表,图书类别表
'为0时表示查询未选定,为1时表示选定
Private Sub mptitle(s As String, n As Integer)
'子过程:处理查询选定的字段,生成打印标题 ptitle
'给每个字段预留打印宽度 pfield
'设置数据表是否选定 tabel_select(1 to 4)赋值
'参数说明:s-选定的字段名称;n-选定字段序号
   Select Case s
      Case "图书信息表.图书编号"
         ptitle = ptitle + "图书编号"
         pfield(n) = 5
         tabel_select(1) = 1
      Case "图书信息表.书名"
         ptitle = ptitle + "书籍名称"
         pfield(n) = 12
         tabel_select(1) = 1
      Case "图书信息表.类别代码"
         ptitle = ptitle + "类别代码"
         pfield(n) = 5
         tabel_select(1) = 1
      Case "图书信息表.出版社"
         ptitle = ptitle + "出版社"
         pfield(n) = 10
         tabel_select(1) = 1
```

```
Case "图书信息表.作者"
    ptitle = ptitle + "作者姓名"
    pfield(n) = 7
    tabel_select(1) = 1
Case "图书信息表.价格"
    ptitle = ptitle + "书籍价格"
    pfield(n) = 9
    tabel_select(1) = 1
Case "图书信息表.页码"
    ptitle = ptitle + "书籍页码"
    pfield(n) = 5
    tabel_select(1) = 1
Case "图书信息表.登记日期"
    ptitle = ptitle + "登记日期"
    pfield(n) = 5
    tabel_select(1) = 1
Case "图书信息表.是否借出"
    ptitle = ptitle + "是否借出"
    pfield(n) = 5
    tabel_select(1) = 1
Case "读者信息表.读者编号"
    ptitle = ptitle + "读者编号"
    pfield(n) = 5
    tabel_select(2) = 1
Case "读者信息表.姓名"
    ptitle = ptitle + "读者姓名"
    pfield(n) = 5
    tabel_select(2) = 1
Case "读者信息表.性别"
    ptitle = ptitle + "性别"
    pfield(n) = 3
    tabel_select(2) = 1
Case "读者信息表.办证日期"
    ptitle = ptitle + "办证日期"
    pfield(n) = 5
    tabel_select(2) = 1
Case "读者信息表.联系电话"
    ptitle = ptitle + "联系电话"
    pfield(n) = 8
    tabel_select(2) = 1
```

```
    Case "读者信息表.工作单位"
        ptitle = ptitle + "工作单位"
        pfield(n) = 10
        tabel_select(2) = 1
    Case "读者信息表.住址"
        ptitle = ptitle + "家庭住址"
        pfield(n) = 11
        tabel_select(2) = 1
    Case "借阅信息表.读者编号"
        ptitle = ptitle + "读者编号"
        pfield(n) = 5
        tabel_select(3) = 1
    Case "借阅信息表.图书编号"
        ptitle = ptitle + "图书编号"
        pfield(n) = 5
        tabel_select(3) = 1
    Case "借阅信息表.借书日期"
        ptitle = ptitle + "借书日期"
        pfield(n) = 5
        tabel_select(3) = 1
    Case "借阅信息表.还书日期"
        ptitle = ptitle + "还书日期"
        pfield(n) = 5
        tabel_select(3) = 1
    Case "借阅信息表.超出天数"
        ptitle = ptitle + "超出天数"
        pfield(n) = 5
        tabel_select(3) = 1
    Case "借阅信息表.罚款金额"
        ptitle = ptitle + "罚款金额"
        pfield(n) = 5
        tabel_select(3) = 1
    Case "图书类别表.类别代码"
        ptitle = ptitle + "类别代码"
        pfield(n) = 5
        tabel_select(4) = 1
    Case "图书类别表.图书类别"
        ptitle = ptitle + "图书类别"
        pfield(n) = 5
        tabel_select(4) = 1
```

```
        Case "图书类别表.借出天数"
            ptitle = ptitle + "借出天数"
            pfield(n) = 5
            tabel_select(4) = 1
    End Select
End Sub
Private Sub lmove(s As String)
'子过程:将左边列框选定字段名称移动到右边列表框中
'参数说明:s-选定的字段名称
    For i = 0 To List2.ListCount - 1                '判断是否已存在该列表项
        List2.ListIndex = i
        If List2.Text = s Then
            Exit For
        End If
    Next
        If i = List2.ListCount And s <> "" Then     '如果不存在则添加
            List2.AddItem s
        End If
End Sub
Private Sub Combo1_LostFocus()                       '左边列表框初始化
    List1.Clear
    If Combo1.Text = "图书信息表" Then
        List1.AddItem "图书信息表.图书编号"
        List1.AddItem "图书信息表.书名"
        List1.AddItem "图书信息表.类别代码"
        List1.AddItem "图书信息表.出版社"
        List1.AddItem "图书信息表.作者"
        List1.AddItem "图书信息表.价格"
        List1.AddItem "图书信息表.页码"
        List1.AddItem "图书信息表.登记日期"
        List1.AddItem "图书信息表.是否借出"
    End If
    If Combo1.Text = "读者信息表" Then
        List1.AddItem "读者信息表.读者编号"
        List1.AddItem "读者信息表.姓名"
        List1.AddItem "读者信息表.性别"
        List1.AddItem "读者信息表.办证日期"
        List1.AddItem "读者信息表.联系电话"
```

```
            List1.AddItem "读者信息表.工作单位"
            List1.AddItem "读者信息表.住址"
        End If
        If Combo1.Text = "借阅信息表" Then
            List1.AddItem "借阅信息表.读者编号"
            List1.AddItem "借阅信息表.图书编号"
            List1.AddItem "借阅信息表.借书日期"
            List1.AddItem "借阅信息表.还书日期"
            List1.AddItem "借阅信息表.超出天数"
            List1.AddItem "借阅信息表.罚款金额"
        End If
        If Combo1.Text = "图书类别表" Then
            List1.AddItem "图书类别表.类别代码"
            List1.AddItem "图书类别表.图书类别"
            List1.AddItem "图书类别表.借出天数"
        End If
End Sub
Private Sub Form_Load()                          '查询条件中各组合框初始化
        Combo1.AddItem "图书信息表"
        Combo1.AddItem "读者信息表"
        Combo1.AddItem "借阅信息表"
        Combo1.AddItem "图书类别表"
        Combo2.AddItem "图书信息表.图书编号"
        Combo2.AddItem "图书信息表.书名"
        Combo2.AddItem "图书信息表.出版社"
        Combo2.AddItem "图书信息表.作者"
        Combo2.AddItem "图书信息表.价格"
        Combo2.AddItem "图书信息表.页码"
        Combo2.AddItem "图书信息表.登记日期"
        Combo2.AddItem "图书信息表.是否借出"
        Combo2.AddItem "读者信息表.读者编号"
        Combo2.AddItem "读者信息表.姓名"
        Combo2.AddItem "读者信息表.办证日期"
        Combo2.AddItem "读者信息表.联系电话"
        Combo2.AddItem "读者信息表.工作单位"
        Combo2.AddItem "借阅信息表.借书日期"
        Combo2.AddItem "借阅信息表.还书日期"
        Combo2.AddItem "借阅信息表.罚款金额"
```

```
        Combo2.AddItem "图书类别表.类别代码"
        Combo2.AddItem "图书类别表.图书类别"
        Combo2.AddItem "图书类别表.借出天数"
        Combo3.AddItem "="
        Combo3.AddItem ">"
        Combo3.AddItem "<"
        Combo3.AddItem ">="
        Combo3.AddItem "<="
        Combo4.AddItem " and "
        Combo4.AddItem " or "
        Combo5.AddItem "图书信息表.图书编号"
        Combo5.AddItem "图书信息表.书名"
        Combo5.AddItem "图书信息表.出版社"
        Combo5.AddItem "图书信息表.作者"
        Combo5.AddItem "图书信息表.价格"
        Combo5.AddItem "图书信息表.页码"
        Combo5.AddItem "图书信息表.登记日期"
        Combo5.AddItem "图书信息表.是否借出"
        Combo5.AddItem "读者信息表.读者编号"
        Combo5.AddItem "读者信息表.姓名"
        Combo5.AddItem "读者信息表.办证日期"
        Combo5.AddItem "读者信息表.联系电话"
        Combo5.AddItem "读者信息表.工作单位"
        Combo5.AddItem "借阅信息表.借书日期"
        Combo5.AddItem "借阅信息表.还书日期"
        Combo5.AddItem "借阅信息表.罚款金额"
        Combo5.AddItem "图书类别表.类别代码"
        Combo5.AddItem "图书类别表.图书类别"
        Combo5.AddItem "图书类别表.借出天数"
        Combo6.AddItem "="
        Combo6.AddItem ">"
        Combo6.AddItem "<"
        Combo6.AddItem ">="
        Combo6.AddItem "<="
End Sub
Private Sub Command1_Click()                          '响应">"命令
    If List1.ListCount > 0 Then
        Call lmove(List1.Text)
```

```
         End If
      End Sub
      Private Sub Command2_Click()                        '响应">>"命令
         If List1.ListCount >  0 Then
            For i =  0 To List1.ListCount -  1
               List1.ListIndex =  i
               Call lmove(List1.Text)
            Next
         End If
      End Sub
      Private Sub Command3_Click()                        '响应"<"命令
         If List2.ListIndex > =  0 Then
            List2.RemoveItem List2.ListIndex
         End If
      End Sub
      Private Sub Command4_Click()                        '响应"<<"命令
         For i =  List2.ListCount -  1 To 0 Step -  1
            List2.RemoveItem i
         Next
      End Sub
      Private Sub Command5_Click()                        '响应查询确认命令
         For i =  1 To 4                                  '生成打印标题
            tabel_select(i) =  0
         Next i
         For i =  1 To 25
            pfield(i) =  0
         Next i
         ptitle =  ""
         If List2.ListCount >  0 Then          '已选定的字段添加到打印标题中
            For i =  0 To List2.ListCount -  1
               List2.ListIndex =  i
               Call mptitle(List2.Text,i +  1)
            Next i
         Else
            Call mptitle("图书信息表.图书编号",1)      '如果没有选定,则默认取图书信息表
            Call mptitle("图书信息表.书名",2)
            Call mptitle("图书信息表.类别代码",3)
            Call mptitle("图书信息表.出版社",4)
```

```
            Call mptitle("图书信息表.作者", 5)
            Call mptitle("图书信息表.价格", 6)
            Call mptitle("图书信息表.页码", 7)
            Call mptitle("图书信息表.登记日期", 8)
            Call mptitle("图书信息表.是否借出", 9)
        End If
'开始生成 SQL 命令串
    If List2.ListCount > 0 Then                    '生成字段集合
        s1 = ""
        For i = 0 To List2.ListCount - 1
            List2.ListIndex = i
            If i < List2.ListCount - 1 Then
               s1 = s1 + List2.Text + ","
            Else
                s1 = s1 + List2.Text
            End If
        Next i
    Else
        s1 = "*"
    End If
    select_tab = ""                                '生成 from 子句后选定的数据表
    If tabel_select(1) = 1 Then
        select_tab = "图书信息表"
    End If
    If tabel_select(2) = 1 Then
        If select_tab <> "" Then
           select_tab = select_tab + ",读者信息表"
        Else
           select_tab = "读者信息表"
        End If
    End If
    If tabel_select(3) = 1 Then
        If select_tab < > "" Then
            select_tab = select_tab + ",借阅信息表"
        Else
           select_tab = "借阅信息表"
        End If
    End If
```

```
    If tabel_select(4) =  1 Then
        If select_tab < >  "" Then
            select_tab = select_tab +  ",图书类别表"
        Else
            select_tab =  "图书类别表"
        End If
    End If
'开始生成 WHERE 条件表达式
    select_w =  ""                                      '生成表的连接部分
    If tabel_select(1) =  1 And tabel_select(3) =  1 Then
        select_w = select_w +  "图书信息表.图书编号=借阅信息表.图书编号"
    End If
    If tabel_select(1) =  1 And tabel_select(4) =  1 Then
        If select_w <>  "" Then
            select_w = select_w +"and 图书信息表.类别代码=图书类别表.类别代码"
        Else
            select_w =  "图书信息表.类别代码=图书类别表.类别代码"
        End If
    End If
    If tabel_select(2) =  1 And tabel_select(3) =  1 Then
        If select_w <>  "" Then
            select_w = select_w +"and 读者信息表.读者编号=借阅信息表.读者编号"
        Else
            select_w =  "读者信息表.读者编号=借阅信息表.读者编号"
        End If
    End If
    s2 =  ""                                            '生成选择条件部分
    If Text1.Text <>  "" And Combo2.Text <>  "" And Combo3.Text <>  "" Then
        s2 = Combo2.Text + Combo3.Text + Text1.Text
    End If
    If Text2.Text <>  "" And Combo4.Text <>  "" And Combo5.Text <>  "" And_
        Combo6.Text <>  "" And s2 <>  "" Then
            s2 = s2 + Combo4.Text + Combo5.Text + Combo6.Text + Text2.Text
    End If
    ssql = "select " + s1 + " from " + select_tab
    If s2 <>  "" Then
        If select_w <>  "" Then
            ssql = ssql + " where " + s2 + " and " + select_w
```

```
        Else
            ssql =  ssql +  " where " +  s2
        End If
    Else
        If select_w < >  "" Then
            ssql = ssql +  " where " +  select_w
        End If
    End If
'结束 SQL 命令串生成,结果在 ssql 中
    Call init_ado(Adodc1)
    Adodc1.RecordSource =  ssql
    Adodc1.Refresh
    If Adodc1.Recordset.EOF Then
        MsgBox ("无满足条件记录")
    Else
        Load Form4                              '加载显示查询结果窗体
        Form4.Show vbModal
    End If
End Sub
Private Sub Command6_Click()                     '退出
    Me.Hide
    Unload Me
End Sub
```

查询结果窗体如图 15.7 所示。

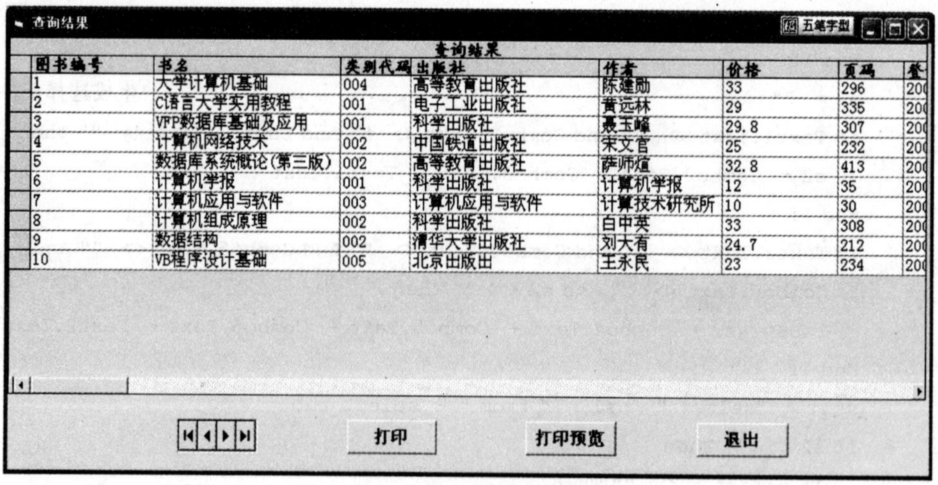

图书编号	书名	类别代码	出版社	作者	价格	页码	著
1	大学计算机基础	004	高等教育出版社	陈建勋	33	296	200
2	C语言大学实用教程	001	电子工业出版社	黄远林	29	335	200
3	VFP数据库基础及应用	001	科学出版社	聂玉峰	29.8	307	200
4	计算机网络技术	002	中国铁道出版社	宋文官	25	232	200
5	数据库系统概论(第三版)	002	高等教育出版社	萨师煊	32.8	413	200
6	计算机学报	001	科学出版社	计算机学报	12	35	200
7	计算机应用与软件	003	计算机应用与软件	计算技术研究所	10	30	200
8	计算机组成原理	002	科学出版社	白中英	33	308	200
9	数据结构	002	清华大学出版社	刘大有	24.7	212	200
10	VB程序设计基础	005	北京出版出	王永民	23	234	200

图 15.7 查询结果窗体

查询结果窗体源代码如下：

```
Dim page_name As Integer                              '页码
Private Sub print_stru_reco(s As String, flag As Integer)
'子过程:打印查询结果表的结构或记录
'参数说明:s—标题串或记录串;flag=0 时打印标题,flag=1 时打印记录
   Dim i As Integer
   If flag =  0 Then
      Printer.FontBold =  True                        '加粗打印结构部分
   Else
      Printer.FontBold =  False
   End If
   X =  2
   y =  Printer.CurrentY
   i =  1
   start =  1
   Do
      If X >=  21 -  2 Then                            '如果超出宽度则结束选择字段
         Exit Do
      End If
      Printer.CurrentX =  X
      Printer.CurrentY =  y
      s1 =  str_find(i,s," ")                          '以空格为字段名分隔符
      Printer.Print Mid(s,start,s1 -  start)
      start =  s1 +  1
      X =  X +  pfield(i) *  0.4
      i =  i + 1
   Loop While pfield(i) <  >  0
   Printer.Print
End Sub
Private Function str_find(n As Integer,ByVal s As String,c As String)_
 As Integer
'自定义函数:返回 S 字符串中第 N 次出现 C 字符所在的字符位置
   strCount =  0
   For i =  1 To Len(s)
      If Mid(s,i,1) =  c Then
         strCount =  strCount + 1
      End If
      If strCount =  n Then
```

```
                    str_find = i
                    Exit For
                End If
            Next i
        End Function
        Private Function record_chang(n As Integer) As String
        '自定义函数:处理不同类型的字段,对应的记录值转换成字符类型并返回结果
            s = Trim(Adodc1.Recordset.Fields(n - 1))
            record_chang = s + Space(1)
        End Function
        Private Sub print_header()                        '打印表头
            Printer.FontSize = 12
            Printer.FontBold = True
            With Printer
                .CurrentX = 8.5
                .CurrentY = 2
                .DrawWidth = 3
            End With
            Printer.Print "图书馆查询系统信息表"
            Printer.Print
            Printer.FontSize = 10
            Printer.CurrentX = 2
            Printer.Line - Step(21 - 4, 0), RGB(0, 0, 0)
            Printer.Print
            Printer.CurrentX = 2
            Call print_stru_reco(ptitle, 0)
            Printer.CurrentX = 2
            Printer.Line - Step(21 - 4, 0), RGB(0, 0, 0)
            Printer.Print
        End Sub
        Private Sub print_end(y As Single)                '打印表尾
            With Printer
                .CurrentX = 2
                .CurrentY = y
                .DrawWidth = 3
            End With
            Printer.Line - Step(21 - 4, 0), RGB(0, 0, 0)
            Printer.Print
```

```
        Printer.CurrentX = (21 - 4) / 2 + 1
        Printer.FontSize = 12
        Printer.FontBold = True
        Printer.Print "第"; page_name; "页"            '页码
End Sub
Private Sub Command1_Click()                        '响应退出命令
    Me.Hide
    Unload Me
End Sub
Private Sub Command2_Click()                        '响应打印命令
    Printer.ScaleMode = 7                           '度量设定为厘米
    page_name = 1
    Call print_header
    For i = 1 To record_count
        If Printer.CurrentY >= 29.4 - 2 Then
            Call print_end(Printer.CurrentY)        '换页
            Printer.NewPage
            Call print_header
            page_name = page_name + 1
        End If
        Call print_stru_reco(LTrim(precord(i)), 1)
    Next i
        Call print_end(Printer.CurrentY)
End Sub
Private Sub Command3_Click()                        '响应打印预览命令
    Load Form5
    Form5.Show vbModal
End Sub
Private Sub Form_Load()                             '初始化
    Dim j As Integer
    Call init_ado(Adodc1)
    Adodc1.RecordSource = ssql
    Adodc1.Refresh
    DataGrid1.Refresh
    Adodc1.Recordset.MoveLast
    record_count = Adodc1.Recordset.RecordCount    '统计记录总数
    ReDim precord(1 To record_count) As String      '重新定义记录数组长度
    Adodc1.Recordset.MoveFirst                      '查询到的记录放在 precord 数组中
```

```
        field_count = 1
        Do While pfield(field_count) <> 0
           field_count = field_count + 1
        Loop
        For i = 1 To record_count
           precord(i) = ""
           For j = 1 To field_count - 1
               precord(i) = precord(i) + record_chang(j)
           Next j
           Adodc1.Recordset.MoveNext
        Next i
     End Sub
```

打印预览效果如图 15.8 所示。

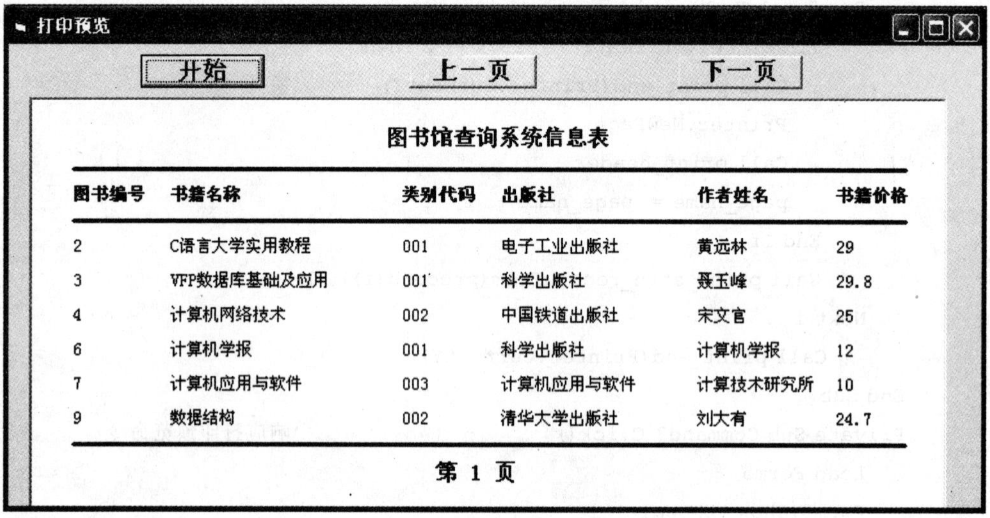

图 15.8　打印预览

5. 应用程序编译安装

在工程属性设置窗口中选定启动对象为 **sub main**, 编译生成可执行文件**图书管理系统. exe**, 将可执行文件和图书管理数据库安装同一个目录下, 运行执行文件, 系统即可正常运行。

第二部分
习 题 解 答

习题一 数据库基础

一、选择题

1. 下列不是常用的数据模型的是( )。
   - A. 层次模型
   - B. 网状模型
   - C. 概念模型
   - D. 关系模型

2. 下列不是关系模型的术语的是( )。
   - A. 元组
   - B. 变量
   - C. 属性
   - D. 分量

3. 下列不是关系数据库的术语的是( )。
   - A. 记录
   - B. 字段
   - C. 数据项
   - D. 模型

4. 关系数据库中的表不必具有的性质是( )。
   - A. 数据项不可再分
   - B. 同一列数据项要具有相同的数据类型
   - C. 记录的顺序可以任意排列
   - D. 字段的顺序不能任意排列

5. 下列不是数据库系统的组成部分的是( )。
   - A. 说明书
   - B. 数据库
   - C. 软件
   - D. 硬件

6. 已知某一数据库中有两个数据表,它们的主键与外键是一对多的关系,这两个表若要建立关联,则应该建立( )的永久联系。
   - A. 一对一
   - B. 多对多
   - C. 一对多
   - D. 多对一

7. 已知某一数据库中有两个数据表,它们的主键与外键是一对一的关系,这两个表若要建立关联,则应该建立( )的永久联系。
   - A. 一对一
   - B. 多对多
   - C. 一对多
   - D. 多对一

8. 已知某一数据库中有两个数据表,它们的主键与外键是多对一的关系,这两个表若要建立关联,则应该建立( )的永久联系。
   - A. 一对多
   - B. 一对一
   - C. 多对多
   - D. 多对一

9. 属性的集合表示一种实体的类型,称为(　　　)。
　　A. 实体　　　　　　　　　　　　　B. 实体集
　　C. 实体型　　　　　　　　　　　　D. 属性集

10. DB、DBS 和 DBMS 三者之间的关系是(　　　)。
　　A. DB 包含 DBS 和 DBMS　　　　　B. DBS 包含 DB 和 DBMS
　　C. DBMS 包含 DB 和 DBS　　　　　D. 三者关系是相等的

11. 数据库系统的核心是(　　　)。
　　A. 软件工具　　　　　　　　　　　B. 数据模型
　　C. 数据库管理系统　　　　　　　　D. 数据库

12. 下面关于数据库系统的描述中,正确的是(　　　)。
　　A. 数据库系统中数据的一致性是指数据类型的一致性
　　B. 数据库系统比文件系统能管理更多的数据
　　C. 数据库系统减少了数据冗余
　　D. 数据库系统避免了一切冗余

13. 关系数据库的数据及更新操作必须遵循(　　　)等完整性规则。
　　A. 参照完整性和用户定义的完控性
　　B. 实体完整性、参照完整性和用户定义的完整性
　　C. 实体完整性和参照完整性
　　D. 实体完整性和用户定义的完整性

14. 规范化理论中分解(　　　)主要是消除其中多余的数据相关性。
　　A. 外模式　　　　　　　　　　　　B. 视图
　　C. 内模式　　　　　　　　　　　　D. 关系运算

15. 在关系数据库中,用来表示实体之间联系的是(　　　)。
　　A. 二维表　　　　　　　　　　　　B. 线形表
　　C. 网状结构　　　　　　　　　　　D. 树形结构

16. 数据模型所描述的内容包括三部分,它们是(　　　)。
　　A. 数据结构　　　　　　　　　　　B. 数据操作
　　C. 数据约束　　　　　　　　　　　D. 以上答案都正确

17. 关系数据库管理系统能实现的专门关系运算包括(　　　)。
　　A. 关联、更新、排序　　　　　　　B. 显示、打印、制表
　　C. 排序、索引、统计　　　　　　　D. 选择、投影、连接

18. 支持数据库各种操作的软件系统叫做(　　　)。
　　A. 数据库系统　　　　　　　　　　B. 操作系统
　　C. 数据库管理系统　　　　　　　　D. 文件系统

19. 关于数据库系统的特点,下列说法正确的是(　　　)。

A. 数据的集成性　　　　　　　　B. 数据的高共享性与低冗余性

C. 数据的统一管理与控制　　　　D. 以上说法都正确

20. 关于数据模型的基本概念,下列说法正确的是(　　　)。

　　A. 数据模型是表示数据本身的一种结构

　　B. 数据模型是表示数据之间关系的一种结构

　　C. 数据模型是指客观事物及其联系的数据描述,具有描述数据和数据联系两方面的功能

　　D. 模型是指客观事物及其联系的数据描述,它只具有描述数据的功能

21. 用面向对象观点来描述现实世界中实体的逻辑组织、对象之间的限制与联系等的模型称为(　　　)。

　　A. 层次模型　　　　　　　　　B. 关系数据模型

　　C. 网状模型　　　　　　　　　D. 面向对象模型

22. 层次模型采用(　　　)结构表示各类实体以及实体之间的联系。

　　A. 树形　　　　　　　　　　　B. 网状

　　C. 星形　　　　　　　　　　　D. 二维表

23. (　　　)模型具有数据描述一致、模型概念单一的特点。

　　A. 层次　　　　　　　　　　　B. 网状

　　C. 关系　　　　　　　　　　　D. 面向对象

24. 下列数据模型中,出现得最早的是(　　　)。

　　A. 层次数据模型　　　　　　　B. 网状数据模型

　　C. 关系数据模型　　　　　　　D. 面向对象数据模型

25. 下列不属于关系的三类完整性约束的是(　　　)。

　　A. 实体完整性　　　　　　　　B. 参照完整性

　　C. 约束完整性　　　　　　　　D. 用户定义完整性

26. 下列不是关系的特点的是(　　　)。

　　A. 关系必须规范化

　　B. 在同一个关系中不能出现相同的属性名

　　C. 关系中不允许有完全相同的元组,元组的次序无关紧要

　　D. 关系中列的次序至关重要,不能交换两列的位置

27. 传统的集合运算不包括(　　　)。

　　A. 并　　　　　　　　　　　　B. 差

　　C. 交　　　　　　　　　　　　D. 乘

28. 投影是从列的角度进行的运算,相当于对关系进行(　　　)。

　　A. 纵向分解　　　　　　　　　B. 垂直分解

　　C. 横向分解　　　　　　　　　D. 水平分解

29. 数据库管理系统和数据库系统的英文简写分别是（　　）。

  A. DBS 和 DBMS　　　　　　　B. DBMS 和 DBS

  C. DBMS 和 DB　　　　　　　　D. DB 和 DBS

30. 下列选项中，不属于数据的范围的是（　　）。

  A. 文字　　　　　　　　　　　B. 图形

  C. 图像　　　　　　　　　　　D. 动画

31. 存储在计算机存储设备中的、结构化的相关数据的集合是（　　）。

  A. 数据处理　　　　　　　　　B. 数据库

  C. 数据库系统　　　　　　　　D. 数据库应用系统

32. 关系型数据库管理系统中，所谓的关系是指（　　）。

  A. 各条记录中的数据彼此有一定的关系

  B. 一个数据库文件与另一个数据库文件之间有一定的关系

  C. 数据模型满足一定条件的二维表格式

  D. 数据库中各字段之间有一定的关系

33. 如果一个关系进行了一种关系运算后得到了一个新的关系，而且新的关系中属性的个数少于原来关系中属性的个数，这说明所进行的关系运算是（　　）。

  A. 投影　　　　　　　　　　　B. 连接

  C. 并　　　　　　　　　　　　D. 选择

34. 关于查询操作的运算，下列说法正确的是（　　）。

  A. 传统的集合运算　　　　　　B. 专门的关系运算

  C. 附加的关系运算　　　　　　D. 以上答案都正确

35. 在关系数据库设计中经常存在的问题是（　　）。

  A. 数据冗余　　　　　　　　　B. 插入异常

  C. 删除异常和更新异常　　　　D. 以上答案都正确

36. 下列关于数据的说法中，正确的是（　　）。

  A. 数据是指存储在某一种媒体上能够识别的物理符号

  B. 数据只是用来描述事物特性的数据内容

  C. 数据中包含的内容是数据、字母、文字和其他特殊字符

  D. 数据就是文字数据

37. 为数据库的建立、使用和维护而配置的软件称为（　　）。

  A. 数据库应用系统　　　　　　B. 数据库管理系统

  C. 数据库系统　　　　　　　　D. 以上都不是

38. 实体之间的对应关系称为联系，两个实体之间的联系可以归纳为三种，下列联系不正确的是（　　）。

  A. 一对一联系　　　　　　　　B. 一对多联系

C. 多对多联系　　　　　　　　　　　D. 一对二联系

39. 对于关系模型与关系模式的关系,下列说法正确的是(　　　)。

A. 关系模型就是关系模式

B. 一个具体的关系模型由若干个关系模式组成

C. 一个具体的关系模式由若干个关系模型组成

D. 一个关系模型对应一个关系模式

40. 下列选项中,不属于数据库系统组成部分的是(　　　)。

A. 数据库　　　　　　　　　　　　　B. 用户应用

C. 数据库管理系统　　　　　　　　　D. 实体

41. (　　　)运算需要两个关系作为操作对象。

A. 选择　　　　　　　　　　　　　　B. 投影

C. 连接　　　　　　　　　　　　　　D. 以上都不正确

42. 数据规范化设计的要求是应该保证所有数据表都能满足(　　　),力求绝大多数数据表满足(　　　)。

A. 第一范式;第二范式　　　　　　　B. 第二范式;第三范式

C. 第三范式;第四范式　　　　　　　D. 第四范式;第五范式

二、填空题

1. _____是数据库系统研究和处理的对象,本质上讲是描述事物的符号记录。

2. 数据模型是数据库系统的_____。

3. _____通常是指带有数据库的计算机应用系统。

4. 表中的每一_____是不可再分的,是最基本的数据单位。

5. 表中每一记录的顺序可以_____。

6. 数据库的性质是由其依赖的_____所决定的。

7. 关系数据库是由若干个完成关系模型设计的_____组成的。

8. 每一个记录由若干个以_____加以分类的数据项组成。

9. 一个_____标志一个独立的表文件。

10. 在关系数据库中,各表之间可以相互关联,表之间的这种联系是依靠每一个独立表内部的_____建立的。

11. 关系数据库具有高度的数据和程序的_____。

12. 硬件环境是数据库系统的物理支撑,它包括相当速率的 CPU、足够大的内存空间、足够大的_____,以及配套的输入、输出设备。

13. 数据是数据库的基本内容,数据库又是数据库系统的管理对象,因此,数据是数据库系统必不可少的_____。

14. 数据规范化的基本思想是逐步消除数据依赖关系中不合适的部分,并使依赖于同一个数据模型的数据达到_____。

15. 表设计的好坏直接影响数据库_____的设计及使用。

16. 数据库管理系统是位于_____之间的软件系统。

17. _____用于将两个关系中的相关元组组合成单个元组。

18. 数据库管理系统是一个帮助用户创建和管理数据库的应用程序的_____。

19. _____是指系统开发人员利用数据库系统资源开发的面向某一类实际应用的软件系统。

20. _____是指客观存在并相互区别的事物。

21. _____的主要目的是有效地管理和存取大量的数据资源。

22. 数据模型应具有_____和_____两方面功能。

23. 在数据库中,应为每个不同主题建立_____。

24. 二维表中垂直方向的列称为_____。

25. _____对数据库的理论和实践产生了很大的影响,已成为当今最流行的数据库模型。

26. 传统的集合运算包含_____、_____、_____。

27. _____的过程就是按不同的范式,将一个二维表不断地分解成多个二维表,并建立表之间的关联,最终达到一个表只描述一个实体或者实体间的一种联系的目标。

28. 实体之间的对应关系称为_____,它反映现实世界事物之间的相互关联。

29. _____是指在关系模式中指定若干属性组成新的关系。

30. 最常用的连接运算是_____。

31. 连接是关系的_____结合。

32. 关系型数据库中最普遍的联系是_____。

33. 连接运算需要_____个表作为操作对象。选择和投影运算的操作对象是_____个表。

34. 数据库的英文简写是_____。

35. 关系的基本运算可以分为_____和_____两类。

36. _____是针对某一具体关系数据库的约束条件,它反映某一具体应用所涉及的数据必须满足的语义要求。

37. 实体间的联系可分为_____、_____和_____三种。

38. _____是指基本关系的主属性,即主码的值都不能取空值。

39. 一个基本关系对应于现实世界中的一个_____。

40. 在关系数据库应用系统的开发过程中,_____是核心和基础。

参 考 答 案

一、选择题

| 1. C | 2. B | 3. D | 4. D | 5. A | 6. C |

7. A	8. D	9. C	10. B	11. C	12. C
13. B	14. D	15. A	16. D	17. D	18. C
19. D	20. C	21. D	22. A	23. C	24. A
25. C	26. D	27. D	28. B	29. B	30. D
31. B	32. C	33. A	34. D	35. D	36. A
37. B	38. D	39. B	40. D	41. C	42. B

二、填空题

1. 数据	2. 核心和基础	3. 数据库系统
4. 数据项	5. 改变	6. 数据模型
7. 关系	8. 字段属性	9. 表文件名
10. 相同属性字段	11. 相互独立性	12. 外存设备
13. 数据源	14. 有效的分离	15. 其他对象
16. 用户与操作系统	17. 连接	18. 集合
19. 数据库应用系统	20. 实体	21. 数据库技术
22. 描述数据;数据联系	23. 单个的表	24. 属性
25. 关系模型	26. 并;叉;交	27. 规范化设计
28. 联系	29. 投影	30. 自然连接
31. 横向	32. 一对多联系	33. 两;一
34. DB	35. 传统的关系运算;专门的关系运算	
36. 用户定义的完整性	37. 一对一联系;一对多联系;多对多联系	
38. 实体完整性	39. 实体集	40. 数据库设计

习题二 Access 概述与数据库的基本操作

一、选择题

1. Access 的数据库模型是(　　)。
   - A. 层次数据库
   - B. 网状数据库
   - C. 关系数据库
   - D. 面向对象数据库

2. Access 数据库文件的扩展名是(　　)。
   - A. mdb
   - B. exe
   - C. bmp
   - D. doc

3. Access 数据库设计视图窗口不包括(　　)。
   - A. 命令按钮组
   - B. 对象类别按钮组
   - C. 对象成员集合
   - D. 关系编辑窗口

4. 下列不能启动 Access 的操作是(　　)。
   - A. 单击**开始**菜单**所有程序**级联菜单中 **Microsoft Office Access** 命令项
   - B. 双击桌面上的 Access 快捷方式图标
   - C. 单击以 mdb 为扩展名的数据库文件
   - D. 右击以 mdb 为扩展名的数据库文件,在弹出的快捷菜单中选择**打开**命令

5. 下列关于 Access 系统的特点说法错误的是(　　)。
   - A. Access 中的文件格式单一
   - B. Access 兼容多种数据格式
   - C. Access 具有强大的集成开发功能
   - D. Access 各个版本之间不能兼容

6. 下列创建数据库的方法不正确的是(　　)。
   - A. 先建立一个空数据库,然后向其中添加表查询、窗体、报表等对象
   - B. 使用数据库向导创建数据库
   - C. 利用系统提供的模板选择数据库类型,然后再在其中创建所需的表、窗体和报表
   - D. 直接输入数据创建数据库

7. 在 Access 应用程序窗口中,使用数据库向导建数据库,应选择(　　)。
   - A. **文件**菜单中**获取外部数据**命令项
   - B. **文件**菜单中**新建**命令项
   - C. **编辑**菜单中**新建**命令项
   - D. **文件**菜单中**打开**命令项

8. 下列打开数据库的方法中,不正确的是(　　)。

  A. 在启动 Access 时使用 Microsoft Access 对话框打开

  B. 单击工具栏上**打开**按钮

  C. 按 **Ctrl＋O** 组合键

  D. 按 **Ctrl＋S** 组合键

 9. 若要使打开的数据库文件可被其他用户共享,并可维护其中的数据库对象,则选择打开数据库文件的方式是(　　)。

  A. 以只读方式打开　　　　　　　　B. 以独占方式打开

  C. 以独占只读方式打开　　　　　　D. 打开

 10. 若要使打开的数据库文件可被其他用户共享,但只能浏览数据,则选择打开数据库文件的方式为(　　)。

  A. 以只读方式打开　　　　　　　　B. 以独占方式打开

  C. 以独占只读方式打开　　　　　　D. 打开

 11. 若要使打开的数据库文件不能被其他用户使用,则选择打开数据库文件的方式为(　　)。

  A. 以只读方式打开　　　　　　　　B. 以独占方式打开

  C. 以独占只读方式打开　　　　　　D. 打开

 12. 若要使打开的数据库文件只能使用和浏览,但不能对其进行修改,且其他用户不能使用该数据库文件,则选择打开数据库文件的方式为(　　)。

  A. 以只读方式打开　　　　　　　　B. 以独占方式打开

  C. 以独占只读方式打开　　　　　　D. 打开

 13. Access 数据库中(　　)对象是其他数据库对象的基础。

  A. 报表　　　　　　　　　　　　　B. 表

  C. 窗体　　　　　　　　　　　　　D. 模块

 14. 在 Access 中,用户可以利用(　　)操作按照不同的方式查看、更改和分析数据,形成所谓的动态的数据集。

  A. 窗体　　　　　　　　　　　　　B. 报表

  C. 查询　　　　　　　　　　　　　D. 模块

 15. _____是数据信息的主要表现形式,用于创建表的用户界面,是数据库与用户之间的主要接口。

  A. 窗体　　　　　　　　　　　　　B. 报表

  C. 查询　　　　　　　　　　　　　D. 模块

 16. 如果想从数据库中打印某些信息,可以使用(　　)。

  A. 表　　　　　　　　　　　　　　B. 查询

  C. 报表　　　　　　　　　　　　　D. 窗体

 17. 用户通过(　　)能够查看、编辑和操作来自 Internet 的数据。

　　　　A. 报表　　　　　　　　　　　B. 查询
　　　　C. 数据访问页　　　　　　　　D. 宏

18.（　　）可以使某些普通的、需要多个指令连续执行的任务能够通过一条指令自动完成。

　　　　A. 报表　　　　　　　　　　　B. 查询
　　　　C. 数据访问页　　　　　　　　D. 宏

19.（　　）是将 VBA 的声明和过程作为一个单元进行保存的集合，即程序的集合。

　　　　A. 查询　　　　　　　　　　　B. 报表
　　　　C. 宏　　　　　　　　　　　　D. 模块

20. 以下操作中不能关闭数据库的是（　　）。

　　　　A. 单击"数据库"窗口右上角的**关闭**按钮
　　　　B. 单击**文件**菜单中**关闭**命令项
　　　　C. 使用功能键 **F4**
　　　　D. 使用快捷键 **Ctrl＋F4**

二、填空题

1. Access 在用户界面、程序设计等方面进行了很好的扩充，提供了＿＿＿＿＿＿＿的强大功能。

2. Access 是＿＿＿＿＿＿＿系列应用软件的一个重要组成部分。

3. Access 可以在可视化的编程环境＿＿＿＿＿＿＿中用＿＿＿＿＿＿＿编写数据库应用程序，使用户能够方便地开发各种面向对象的应用程序。

4. Access 通过创建＿＿＿＿＿＿＿可将数据发布到网络上。

5. 一个 Access 数据库文件中包含 7 种数据库对象，分别是＿＿＿＿＿＿＿、＿＿＿＿＿＿＿、＿＿＿＿＿＿＿、＿＿＿＿＿＿＿、＿＿＿＿＿＿＿和＿＿＿＿＿＿＿。

6. Access 所提供的 7 种数据库对象都存储在同一个以＿＿＿＿＿＿＿为扩展名的数据库文件中。

7. 在工具栏和状态栏之间的一大块空白区域是系统的＿＿＿＿＿＿＿，Access 的各种工作窗口将在这里打开。

8. 在 Access 主窗口中，＿＿＿＿＿＿＿列出了 Access 中的菜单，菜单是操作命令的列表。

9. 在 Access 菜单中，带有符号"▶"的命令项表示鼠标指针指向它时，弹出一个＿＿＿＿＿＿＿。

10. 获取有关 Access 的帮助的方法分别是＿＿＿＿＿＿＿、Office 助手和网上 Office。

11. 按＿＿＿＿＿＿＿键可以启动"Microsoft Office Access 帮助"。

12. 创建数据库有两种方法，使用＿＿＿＿＿＿＿来创建，或先创建一个＿＿＿＿＿＿＿，然后再逐一添加表、窗体、报表及其他对象。

13. 同一时间,Access 可以打开_____个数据库。

14. _____是 Access 数据库设计的基础,是存储数据的地方。

15. 数据表由_____和_____组成。

16. 一个_____就是数据表中的一列。

17. 一个_____就是数据表中的一行。

18. 字段的基本属性有_____、_____和字段大小。

19. 在 Access 中,报表中的数据源主要来自_____、_____或_____。

20. 模块对象是用_____代码编写的。

参 考 答 案

一、选择题

1. C	2. A	3. D	4. C	5. D	6. D
7. B	8. D	9. D	10. A	11. B	12. C
13. B	14. C	15. A	16. C	17. C	18. D
19. D	20. C				

二、填空题

1. 面向对象程序设计	2. Microsoft Office	3. VBE;VBA
4. 数据访问页	5. 表;查询;窗体;报表;数据访问页;宏;模块	
6. mdb	7. 工作区	8. 菜单栏
9. 子菜单	10. 目录/索引	11. F1
12. 数据库向导,空数据库	13. 1	14. 表
15. 字段;记录	16. 字段	17. 记录
18. 字段名称;数据类型	19. 表;查询;SQL 语句	20. VBA

习题三　表的基本操作

一、选择题

1. 创建新表时,(　　)来创建表的结构。
    A. 直接输入数据
    B. 使用表设计器
    C. 通过获取外部数据(导入表、链接表等)
    D. 使用向导

2. 下列关于插入字段的说法中,错误的是(　　)。
    A. 插入字段就是在表的原有的某个字段前插入字段
    B. 插入字段需要打开表的设计视图
    C. 插入字段时,每次只能插入一行
    D. 插入字段时,一次可以插入多行

3. 建立表的结构时,一个字段由(　　)组成。
    A. 字段名称　　　　　　　　　　B. 数据类型
    C. 字段属性　　　　　　　　　　D. 以上都是

4. Access 表的字段类型中不包括(　　)。
    A. 文本型　　　　　　　　　　　B. 数字形
    C. 货币型　　　　　　　　　　　D. 窗口

5. 如果一张数据表中含有照片,那么"照片"所在的字段的数据类型通常为(　　)。
    A. OLE 对象型　　　　　　　　　B. 超链接型
    C. 查阅向导型　　　　　　　　　D. 备注型

6. Access 中,一个表最多可以建立(　　)个主键(主索引)。
    A. 1　　　　　　　　　　　　　　B. 2
    C. 3　　　　　　　　　　　　　　D. 任意

7. 关于主关键字,说法错误的是(　　)。
    A. Access 并不要求在每一个表中都必须包含一个主关键字
    B. 在一个表中只能指定一个字段成为主关键字
    C. 在输入数据或对数据进行修改时,不能向主关键字的字段输入相同的值
    D. 利用主关键字可以对记录快速地进行排序和查找

8. 在 Access 表中,(　　)不可以定义为主键。
    A. 自动编号　　　　　　　　　　B. 单字段

    C. 多字段　　　　　　　　　　　　D. OLE 对象

9. 一个书店的店主想将 Book 表中的书名设为主键,但存在相同书名不同作者的情况。为满足店主的需求,可( )。

    A. 定义自动编号主键

    B. 将书名和作者组合定义多字段主键

    C. 不定义主键

    D. 再增加一个内容无重复的字段定义为主键

10. 关于索引,叙述错误的是( )。

    A. 索引越多越好

    B. 一个索引可以由一个或多个字段组成

    C. 可提高查询效率

    D. 主索引值不能为空,不能重复

11. Access 数据库中,表间的关系包括( )。

    A. 一对一、一对多、多对一　　　　B. 一对一、多对多

    C. 一对一、一对多、多对多　　　　D. 一对多、多对多

12. 关于表间关系,叙述错误的是( )。

    A. 关系双方联系的对应字段的字段类型需相同

    B. 关系双方至少需有一方为主索引

    C. 关系的来源和目的都是字段

    D. Access 中,在两个表之间可以直接建立多对多关系

13. 在关系窗口中,在一对多关系连线上标记 1 对 ∞ 字样,表示在建立关系时启动了( )。

    A. 实施参照完整性　　　　　　　B. 级联更新相关记录

    C. 级联删除相关记录　　　　　　D. 以上都不是

14. 若要在一对多关系中,更改一方的原始记录后,另一方立即更改,应启动( )。

    A. 实施参照完整性　　　　　　　B. 级联更新相关记录

    C. 级联删除相关记录　　　　　　D. 以上都不是

15. 在关系窗口中,选定某个表,按 **Del** 键,将会( )。

    A. 在关系窗口中删除该选定的表,但不删除关系

    B. 在关系窗口中删除该选定的表,同时删除与该选定的表相关的所有关系

    C. 在数据库中删除该选定的表,同时删除与该选定的表相关的关系

    D. 在关系窗口中删除**产品**表,同时删除所有关系

16. 在数据表视图中,每个记录左侧的小方框是( )。

    A. 导航按钮　　　　　　　　　　B. 显示当前记录号

    C. 显示记录数　　　　　　　　　D. 记录选定器

17. 选定表中所有记录的方法是（　　　）。
　　A. 选定第一个记录
　　B. 选定最后一个记录
　　C. 任意选定一个记录
　　D. 选定第一个记录，按住 Shift 键，再选定最后一个记录

18. 下列创建表的方法中，不正确的是（　　　）。
　　A. 使用"数据表"视图建立表　　　B. 使用"页视图"创建表
　　C. 使用"设计"视图建立表　　　　D. 使用"表向导"创建表

19. 关于编辑记录的操作，说法正确的是（　　　）。
　　A. 可以同时选定不相邻的多个记录
　　B. 可以在表中的任意位置插入新记录
　　C. 删除有自动编号的表，再添加新记录时，自动编号将自动使用删除的编号
　　D. 修改记录时，自动编号型字段不能修改

20. （　　　）数据类型不适用字段大小属性。
　　A. 文本型　　　　　　　　　　　B. 数字形
　　C. 自动编号型　　　　　　　　　D. 时间型

21. 关于调整表的外观，说法错误的是（　　　）。
　　A. 表的每一行的行高都相同
　　B. 表的每一列可以有不同的列宽
　　C. 冻结后所选列将被固定在表的最左侧
　　D. 隐藏列后所选的列从表中删除

22. 设某表中有姓名字段，若要将该字段固定在该表的最左方，应该使用（　　　）功能。
　　A. 移动　　　　　　　　　　　　B. 冻结
　　C. 隐藏　　　　　　　　　　　　D. 复制

23. 在数据表中，用户可以查找需要的数据，并替换为新的值，如果要将成绩为 80～99 分（含 80 和 99）的分数替换为 A－，应在替换值项中输入（　　　）。
　　A. 80－99　　　　　　　　　　　B. [8－9][0－9]
　　C. A－　　　　　　　　　　　　D. 8#9#

24. 关于 Access 中排序记录所依据的规则，叙述错误的是（　　　）。
　　A. 中文按拼音字母的顺序排序
　　B. 数字由小至大排序
　　C. 英文按字母顺序排序，小写在前，大写在后
　　D. 以升序来排序时，任何含有空字段的记录将列在列表中的第一条

25. 多字段排序时，结果是按照（　　　）。

    A. 最左边的列开始排序   B. 最右边的列开始排序

    C. 从左向右优先次序依次排序   D. 无法进行排序

26. 不相邻的多字段排序的步骤或命令是( )。

    A. **记录→排序→升序**

    B. **记录→排序→降序**

    C. **记录→筛选→高级筛选排序**,然后选择**筛选→应用筛选/排序**

    D. 以上都不是

27. 若要筛选数据表中的**性别**为**女**的记录,下面方法错误的是( )。

    A. 右击**性别**字段中的**男**字,在弹出的快捷菜单中选择**内容排除筛选**命令项

    B. 右击**性别**字段,在**筛选目标**处输入**女**后按 **Enter** 键

    C. 选定**性别**为**男**的记录,单击工具栏上**删除记录**按钮

    D. 单击工具栏上**按窗体筛选**按钮,在**性别**字段对应的单元格的下拉列表框中,
选定**女**,再单击**应用筛选**按钮

28. ( )操作不能进入 Access 基本表设计视图状态。

    A. 双击一个建好的表名

    B. 选定表对象,单击数据库上部的**新建**按钮,选定**设计视图**选项,单击**确定**按钮

    C. 单击一个已建好的表名,再单击**设计工具**按钮

    D. 双击**使用表设计器创建表**

29. 在 Access 数据库窗口使用表设计器创建表的步骤依次是( )。

    A. 打开表的设计视图,设定主关键字、定义字段、设定表的属性和表的存储

    B. 打开表的设计视图,定义字段、设定表的属性和表的存储、设定主关键字

    C. 打开表的设计视图,定义字段、设定主关键字、设定表的属性和表的存储

    D. 打开表的设计视图,设定表的属性和表的存储、定义字段、设定主关键字

30. 在使用数据库前,用户需了解以下相关限制:多字段索引最多可有( )列。

    A. 10   B. 8

    C. 16   D. 12

31. 选取多个字段时,可以配合键盘上的( )键。

    A. **Shift**   B. **Alt**

    C. **Ctrl**   D. **Alt+Shift**

32. Access 提供了 10 种数据类型,用来保存长度较长的文本及数字,其中多用于输入注释或说明的数据类型是( )。

    A. 数字   B. 货币

    C. 文本   D. 备注

33. Access 中日期/时间类型最多可存储( )个字节。

    A. 2   B. 4

    C. 8   D. 16

34. Access 提供了 10 种数据类型,其中用来存储多媒体对象的数据类型是(　　)。

    A. 文本   B. 查阅向导

    C. OLE 对象型   D. 备注

35. Access 提供了 10 种数据类型,其中允许用户创建一个列表,可以在列表中选择内容作为添入字段的内容的数据类型是(　　)。

    A. 数字   B. 查阅向导

    C. 自动编号   D. 备注

36. Access(　　)已被删除的自动编号字段的数值,按递增的规律重新赋值。

    A. 可能使用   B. 不使用

    C. 使用   D. 以上都不对

37. 关于货币数据类型,叙述错误的是(　　)。

    A. 向货币字段输入数据时,系统自动将其设置为 4 位小数

    B. 可以和数值型数据混合计算,结果为货币型

    C. 字段长度是 8 字节

    D. 向货币字段输入数据时,不必输入美元符号和千位分隔符

38. 有关字段属性,以下叙述错误的是(　　)。

    A. 字段大小可用于设置文本、数字或自动编号等类型字段的最大容量

    B. 可对任意类型的字段设置默认值属性

    C. 有效性规则属性是用于限制此字段输入值的表达式

    D. 不同的字段类型,其字段属性有所不同

39. 字段属性设置中的输入掩码可以控制输入到字段中的值,其字段可以是文本、(　　)、日期时间和备注。

    A. 数字   B. 货币

    C. 是否   D. 自动编号

40. 输入掩码最多包括三组字符,彼此用分号分开,即第一组是输入掩码本身,使用特殊的字符来定义数字、字符和空格的位置;第二组是(　　);第三组是定义用户输入数据时用来显示空格的字符。

    A. 0   B. 1

    C. 0 或 1   D. 0~9 均可

41. 必须输入 0~9 的数字的输入掩码是(　　)。

    A. 0   B. &

    C. A   D. C

42. 必须输入任一字符或空格的输入掩码是(　　)。

    A. 0   B. &

C. A　　　　　　　　　　　　D. C

43. 如果想控制电话号码、邮政编码或日期数据的输入,应使用(　　)数据类型。

　　A. 默认值　　　　　　　　　B. 输入掩码

　　C. 字段大小　　　　　　　　D. 标题

44. 将所有字符转换为小写的输入掩码是(　　)。

　　A. 9　　　　　　　　　　　　B. A

　　C. ＜　　　　　　　　　　　D. ＞

45. 在 Access 中,要改变表中的列宽,应(　　)。

　　A. 单击**格式**菜单中**行高**命令项

　　B. 单击**格式**菜单中**列宽**命令项

　　C. 单击**格式**菜单中**字体**命令项

　　D. 单击**格式**菜单中**数据表**命令项

46. (　　)能唯一标示表中每条记录的字段,它可以是一个字段,也可以是多个字段。

　　A. 索引　　　　　　　　　　B. 关键字

　　C. 主关键字　　　　　　　　D. 次关键字

47. (　　)属性用来定义数字(货币)、日期、时间、文本(备注)的显示方式和打印方式。

　　A. 字段大小　　　　　　　　B. 格式

　　C. 输入法模式　　　　　　　D. 输入掩码

48. 若只有一个相关字段是主关键字或唯一索引,则需创建(　　)关系。

　　A. 一对一　　　　　　　　　B. 一对多

　　C. 多对多　　　　　　　　　D. 均可

49. 若某两个表与第三个表是两个一对多关系,并且第三个表的主关键字包含两个字段,它们分别是前两个表的外键,则这两个表之间应创建(　　)关系。

　　A. 一对一　　　　　　　　　B. 一对多

　　C. 多对多　　　　　　　　　D. 均可

50. 设有一个图书馆管理系统,其中的**书籍**表、**读者**表和**借出书籍**表之间的关系如下:

　　① **借出书籍**表中的**书籍编号**与**书籍**表中的**书籍编号**相关,并且**书籍**表中的一个书籍编号可以对应多个**借出书籍**表中的**书籍编号**(一本书可以借给多个读者);

　　② **借出书籍**表中的**读者编号**与**读者**表中的**读者编号**相关,并且**读者**表中的一个读者编号可以对应多个**借出书籍**表中的**读者编号**(一个读者可以借出多本书籍)。

　　那么,应该定义**借出书籍**和**读者**表之间的关系为(　　)。

　　A. 一对一　　　　　　　　　B. 一对多

　　　　C. 多对多　　　　　　　　　　D. 以上都不对

51. 在 Microsoft Access 中可以定义三种类型的主关键字,下列不是正确的是(　　　)。

　　　　A. 自动编号　　　　　　　　　B. 单字段

　　　　C. 索引字段　　　　　　　　　D. 多字段

52. (　　　)数据类型的字段能设置索引。

　　　　A. 数字、货币、备注节　　　　　B. 数字、超级链接、OLE 对象

　　　　C. 数字、文本、货币　　　　　　D. 日期/时间、备注、文本

53. 在打印数据表过程中,某一列或某几列数据不需要打印,但又不能删除,Access 可以对其进行(　　　)。

　　　　A. 剪切　　　　　　　　　　　B. 隐藏

　　　　C. 冻结　　　　　　　　　　　D. 移动

54. 用户在查看表中的数据时,需要拖动滑块来向左或向右移动其他列,给用户带来了不必要的麻烦,Access 允许用户冻结数据表中的一列或多列,这样无论在表中滚动到何处,这些列都会成为(　　　)的列,并且始终可见,从而方便用户对数据的查找。

　　　　A. 最左侧　　　　　　　　　　B. 最右侧

　　　　C. 任意位置　　　　　　　　　D. 居中

55. 关于取消列的冻结的叙述,正确的是(　　　)。

　　　　A. 在取消列的冻结后,被冻结的列不会回到原来的位置上

　　　　B. 在取消列的冻结后,被冻结的列会回到原来的位置上

　　　　C. 在取消列的冻结后,被冻结的列被随机放置在表中某一个位置

　　　　D. 上述都不对

56. 在调整行高的过程中,所设置的高度将会应用于表内(　　　)。

　　　　A. 某一行　　　　　　　　　　B. 某几行

　　　　C. 所有行　　　　　　　　　　D. 任意行

57. 假设一表中的字段由左至右依次是 A,B,C,D,E,F,方法如下:先同时选中 B 和 C 字段列,然后冻结,接着再选中字段列 E 冻结。则冻结后表中的字段顺序由左至右依次是(　　　)。

　　　　A. BCAEDF　　　　　　　　　B. ABCEDF

　　　　C. BCEADF　　　　　　　　　D. ABECDF

58. 假设一表中的字段由左至右依次是 A,B,C,D,E,F,方法如下:如果将 C 字段列隐藏,再取消隐藏,则该表中的字段列由左至右依次是(　　　)。

　　　　A. ABCDEF　　　　　　　　　B. ABDEFC

　　　　C. CABDEF　　　　　　　　　D. ABDEF

59. 如果在数据表中要对许多记录中的某些相同的文本作相同的修改,就可以使用(　　　)功能。

A. 查找　　　　　　　　　　　　　B. 索引

C. 替换　　　　　　　　　　　　　D. 筛选

60. 若想看到在表中与某个值匹配的所有数据,应该采取的方法是(　　)。

    A. 查找　　　　　　　　　　　　　B. 替换

    C. 筛选　　　　　　　　　　　　　D. 查找或替换

61. (　　)数据类型能进行排序。

    A. 备注　　　　　　　　　　　　　B. OLE 对象

    C. 自动编号　　　　　　　　　　　D. 超链接

62. 一次只能选择一个筛选条件的是(　　)。

    A. 按窗体筛选　　　　　　　　　　B. 按选定内容筛选

    C. 按表内容筛选　　　　　　　　　D. 内容排除筛选

63. (　　)用来决定该字段是否可以取空值,属性取值为**是**和**否**两项。

    A. 小数位数　　　　　　　　　　　B. 标题

    C. 必填字段　　　　　　　　　　　D. 默认值

64. (　　)属性可以防止非法数据输入到表中。

    A. 有效性规则　　　　　　　　　　B. 有效性文本

    C. 索引　　　　　　　　　　　　　D. 显示控件

65. 通过**格式**菜单中**字体**命令项,不可以设置(　　)。

    A. 字体　　　　　　　　　　　　　B. 字形

    C. 数据类型　　　　　　　　　　　D. 字号

66. 在 Access 数据库中,表间的关系方式包括(　　)种。

    A. 2　　　　　　　　　　　　　　B. 3

    C. 4　　　　　　　　　　　　　　D. 5

67. 备注数据类型最多为(　　)个字符。

    A. 250　　　　　　　　　　　　　B. 256

    C. 65 535　　　　　　　　　　　　D. 65 536

68. (　　)类型字段只包含两个值中的一个。

    A. 文本数据　　　　　　　　　　　B. 数学数据

    C. 是/否数据　　　　　　　　　　D. 日期/时间数据

69. Access 中数据类型中的文本型字段最多为(　　)个字符。

    A. 50　　　　　　　　　　　　　B. 250

    C. 255　　　　　　　　　　　　D. 65 535

二、填空题

1. Access 表由_____和_____两部分构成。

2. 用户在对相对简短的字符数据进行设置时,应尽可能地使用_____数据类型。

3. Access 的表有两种视图,_____视图一般用来浏览或编辑表中的数据,而_____视图则用来浏览或编辑表的结构。

4. _____规定数据的输入模式,具有控制数据输入的功能。

5. 在 Access 中,通过_____属性,可以控制字段使用的空间大小。

6. _____的选择是由数据决定的,定义一个字段类型需要先分析输入的数据。

7. 在字段类型为数字型的字段的有效性规则属性文本框中输入_____,表示要求输入的数是正数。

8. 关于有效性规则,_____表示输入值必须是以 T 结尾的 4 个字符。

9. 关于有效性规则,_____表示要求输入一个 2008 年以前的日期。

10. Access 用参照完整性来确保表中记录之间_____的有效性,并不会因意外而删除或更改相关数据。

11. 记录的排序方式有_____和_____两种方式。

12. 对记录进行排序时,若要从前往后对日期和时间进行排序,应使用_____次序;若要从后往前对日期和时间进行排序,应使用_____次序。

13. 多字段排序时,排序的优先级是_____。

14. Access 的筛选方法有_____、内容排除筛选、_____和高级筛选。

15. 按窗体筛选时,同一行之间是_____的关系,设置在不同行的条件之间是_____的关系。

16. 如果按选定内容筛选,一次能选择_____个筛选条件。

17. Access 提供了两种字段数据类型,用于保存文本或文本和数字的组合的数据,这两种数据类型是_____和_____。

18. 在 Access 中,常用记录定位的方法有两种:一是_____,二是_____。

19. 如果用户定义了表关系,则在删除主键之前,必须先将_____删除。

20. Access 系统向用户提供了 10 种数据类型,即_____、_____、日期/时间、备注、货币、自动编号、是/否、OLE 对象、超链接、查阅向导。

21. 文本类型用于控制字段输入的最大字符长度,这种类型允许最大_____个字符或数字,且所输的文本内可包含数字、_____和符号,也可以输入一些不用于计算和排序的数值数据。

22. 数字字段类型可以设置成_____、_____、长整型、单精度型、双精度型、同步复制 ID 六种类型。

23. _____类型用来存储日期、时间或日期时间,最多可存储 8 个字节。

24. 货币类型多用于存储货币值。当小数部分多于两位时,系统会对数据进行_____。

25. 超级链接最多可包含三部分:一是在字段或控件中显示的文本;二是到文件或页

面的_____;三是文件或页面中的_____。

26. 设置表中字段的属性,其中_____用来规定数据的输入方式。

27. 如果要求用户输入的值是一个三位数,那么其有效性规则表达式应为_____。

28. _____是用来指定不同于字段名称的文本,该文本用于在窗体标签中字段的字段名。

29. 在 Access 数据库中设置_____,有助于快速查找和排序访问文本、数字、日期时间、货币和自动编号数据类型的数据值。

30. 关系的来源和目的是_____。

31. 建立一对多关系时,一对应的表称为_____,而多对应的表称为_____。

32. Access 允许用户_____数据表中的一列或多列,无论在表中滚动到何处,这些列都会成为最左侧的列。

33. _____是表中每一条记录的唯一标志,它可以由表中的一个或多个字段组成,并且其中的值不能重复,也不能是空值。

34. 用_____字段是创建主关键字的最简单的方法。

35. 某表中有个**单位名称**字段,如果想在窗体中把它的字段名标记为便于理解的**读者单位**,应该设置字段属性中的_____值为**读者单位**。

36. 在 Access 中,表的_____将自动被设置为表的主索引。

37. _____是按照某个字段对所有记录进行过滤,之后数据表中只显示符合条件的记录。

38. _____列出在该字段中所有不符合条件的记录。

39. _____就是修改和删除数据表之间已建立的关系。

40. 如果希望将隐藏的列重新显示出来,应使用_____。

41. 主键的基本类型有_____、_____和多字段主键三种。

42. Access 中的数据表是由_____、表中的_____和表中的_____三个部分组成的。

43. 索引主要有_____、_____和_____三种类型。

44. _____是数据表中的数据,即表提供给用户的信息。

参 考 答 案

一、选择题

1. B	2. D	3. D	4. D	5. A	6. A
7. B	8. D	9. B	10. A	11. C	12. D
13. A	14. B	15. B	16. D	17. D	18. B
19. D	20. D	21. D	22. B	23. C	24. C
25. C	26. C	27. C	28. A	29. C	30. A
31. A	32. D	33. C	34. C	35. B	36. B

37. A	38. B	39. B	40. C	41. A	42. B
43. B	44. C	45. B	46. C	47. B	48. B
49. C	50. B	51. C	52. C	53. B	54. A
55. A	56. C	57. C	58. A	59. C	60. C
61. C	62. B	63. C	64. A	65. C	66. B
67. C	68. C	69. C			

二、填空题

1. 表结构;表内容	2. 文本	3. 数据表;设计
4. 输入掩码	5. 字段大小	6. 字段类型
7. >0	8. LIKE "??? T"	9. <#1/1/2008#
10. 关系	11. 升序;降序	12. 升序;降序
13. 从左到右	14. 按选定内容筛选;按窗体筛选	
15. 与;或	16. 1	17. 文本型;备注型
18. 使用记录号;使用快捷键	19. 主键关系	
20. 文本;数字	21. 255;字母	22. 字节型;整型
23. 日期/时间	24. 四舍五入	25. 路径;地址
26. 输入法模式	27. >=100 And<=999	28. 标题
29. 索引	30. 字段	31. 主表;相关表
32. 冻结	33. 主关键字	34. 自动编号
35. 标题	36. 主关键字	37. 筛选
38. 内容排除筛选	39. 编辑关系	40. 取消隐藏列
41. 自动编号主键;单字段主键	42. 表名;字段;记录	
43. 唯一索引;主索引;普通索引	44. 记录	

习题四　数据查询

一、选择题

1. 下面关于查询的叙述,说法正确的是(　　)。
    A. 只有查询可以用来进行筛选、排序、浏览等工作
    B. 数据表或窗体中也可以代替查询执行数据计算
    C. 数据表或窗体中也可以代替查询检索多个表的数据
    D. 利用查询可以轻而易举地执行数据计算,以及检索多个表的数据

2. (　　)不是查询的功能。
    A. 筛选记录　　　　　　　　　　B. 整理数据
    C. 操作表　　　　　　　　　　　D. 输入接口

3. 以下关于筛选和查询的叙述中,说法正确的是(　　)。
    A. 在数据较多、较复杂的情况下使用筛选比使用查询的效果好
    B. 查询只从一个表中选择数据,而筛选可以从多个表中获取数据
    C. 通过筛选形成的数据表,可以提供给查询使用
    D. 筛选将删除不符合条件的记录

4. Access 支持的查询类型有(　　)。
    A. 选择查询、交叉表查询、参数查询、SQL 查询和操作查询
    B. 基本查询、选择查询、参数查询、SQL 查询和操作查询
    C. 多表查询、单表查询、交叉表查询、参数查询和操作查询
    D. 选择查询、统计查询、参数查询、SQL 查询和操作查询

5. 以下不属于操作查询的是(　　)。
    A. 交叉表查询　　　　　　　　　B. 生成表查询
    C. 更新查询　　　　　　　　　　D. 删除查询

6. 在查询设计视图中,(　　)。
    A. 只能添加数据库表　　　　　　B. 可以添加数据库表,也可以添加查询
    C. 只能添加查询　　　　　　　　D. 以上说法都不对

7. 利用对话框提示用户输入参数的查询过程称为(　　)。
    A. 选择查询　　　　　　　　　　B. 参数查询
    C. 交叉表查询　　　　　　　　　D. SQL 查询

8. (　　)的结果不是动态集合,而是执行指定的操作,例如,增加、修改、删除记录等。

　　　　A. 选择查询　　　　　　　　　　　　B. 操作查询

　　　　C. 参数查询　　　　　　　　　　　　D. 交叉表查询

9. 如果在数据库中已有同名的表,(　　　)查询将覆盖原有的表。

　　　　A. 删除　　　　　　　　　　　　　　B. 追加

　　　　C. 生成表　　　　　　　　　　　　　D. 更新

10. 执行(　　　)查询后,字段的旧值将被新值替换。

　　　　A. 删除　　　　　　　　　　　　　　B. 追加

　　　　C. 生成表　　　　　　　　　　　　　D. 更新

11. 参数查询可分为(　　　)。

　　　　A. 单参数查询　　　　　　　　　　　B. 参数查询

　　　　C. 单参数查询和多参数查询　　　　　D. 都不是

12. 单参数查询可以输入(　　　)组条件。

　　　　A. 1　　　　　　　　　　　　　　　　B. 2

　　　　C. 3　　　　　　　　　　　　　　　　D. 4

13. 下列关于准则的说法中,错误的是(　　　)。

　　　　A. 同行之间为逻辑"与"关系,不同行之间为逻辑"或"关系

　　　　B. 日期/时间类型数据需在两端加#

　　　　C. Null 表示空白无数据的意思,可在任意类型的字段中使用

　　　　D. 数字类型的条件需加上双引号("")

14. 下面表达式中,(　　　)执行后的结果是在**平均分**字段中显示**语文**、**数学**、**英语**三个字段中分数的平均值(结果取整)。

　　　　A. 平均分:([语文]+[数学]+[英语])\3

　　　　B. 平均分:([语文]+[数学]+[英语])/3

　　　　C. 平均分:语文+数学+英语\3

　　　　D. 平均分:语文+数学+英语/3

15. 若要查询成绩为 70~80 分(包括 70 分,不包括 80 分)的学生的信息,则查询准则设置正确的是(　　　)。

　　　　A. >69 Or <80　　　　　　　　　　　B. Between 70 With 802

　　　　C. >=70 And <80　　　　　　　　　　D. IN(70,79)

16. 在表达式中,为了与一般的数据数据区分,Access 将文本型的数据用(　　　)号括起来。

　　　　A. *　　　　　　　　　　　　　　　　B. #

　　　　C. ""　　　　　　　　　　　　　　　　D. ?

17. 若要在文本型字段执行全文搜索,查找以 **Access** 开头的字符串,则下列条件表达式正确的是(　　　)。

      A. Like "*Access*"   B. Like " Access"

      C. Like "* Access"   D. Like " Access *"

18. 若要从**图书**表中查找书籍分类编号为 **1**(文学类)和书籍编号为 **9**(计算机图书类)的所有书籍,则创建查询时,应该在**分类编号**字段对应的准则文本框中输入查询条件( )。

      A. 1 And 9   B. 1 Or 9

      C. 1 And 9 和 1 Or 9 都正确   D. 都不对

19. 使用查询向导不可以创建( )。

      A. 简单的选择查询   B. 基于一个表或查询的交叉表查询

      C. 操作查询   D. 查找重复项查询

20. 利用向导创建查询对象中的"≫"按钮的作用是( )。

      A. 将**可用字段**列表框中选定的字段送到**选定字段**框中

      B. 将**可用字段**列表框中的全部字段送到**选定字段**框中

      C. 将**选定字段**列表框中的全部字段送到**可用字段**框中

      D. 将**选定字段**列表框中的选定字段送到**可用字段**框中

21. 关于使用查询向导创建查询,叙述错误的是( )。

      A. 使用查询向导创建查询可以加快查询创建的速度

      B. 创建的过程中,它提示并询问用户相关的条件

      C. 创建的过程中,根据用户输入的条件建立查询

      D. 使用查询向导创建查询的缺点在于创建查询后,不能对已创建的查询进行

          修改

22. ( )是交叉表查询必须搭配的功能。

      A. 总计   B. 上限值

      C. 参数   D. 以上都不是

23. Access 提供的参数查询可在执行时弹出一个对话框以提示用户输入信息,只要将一般查询准则中的数据用( )替换,并在其中输入提示信息,就形成了参数查询。

      A. ( )   B. <>

      C. { }   D. [ ]

24. ( )是交叉表查询的必要组件。

      A. 行标题   B. 列标题

      C. 值   D. 以上都是

25. 关于总计,叙述错误的是( )。

      A. 可以用作各种计算

      B. 作为条件的字段也可以显示在查询结果中

      C. 计算的方式有和、平均、记录数、最大值、最小值等

　　D. 任意字段都可以作为组

26. 关于运行操作查询的方法,错误的是(　　　)。

　　A. 保存关闭该查询后,再双击该查询

　　B. 在操作查询的设计视图中,单击**查询**菜单中**运行**命令,或单击工具栏上**运行**按钮来运行该查询

　　C. 选定**查询**对象,选定该查询后,单击窗口上部的**打开**按钮

　　D. 单击工具栏最左端的**视图**按钮,切换到数据表视图

27. 下列说法中,正确的是(　　　)。

　　A. 创建好查询后,不能更改查询中的字段的排列顺序

　　B. 对已创建的查询,可以添加或删除其数据来源

　　C. 对查询的结果,不能进行排序

　　D. 上述说法都不正确

28. 以下关于查询的叙述,正确的是(　　　)。

　　A. 只能根据数据表创建查询

　　B. 只能根据已建查询创建查询

　　C. 可以根据数据表和已建查询创建查询

　　D. 不能根据已建查询建立查询

29. 关于查询,说法不正确的是(　　　)。

　　A. 查询可以作为结果,也可以作为来源

　　B. 查询可以根据条件从数据表中检索数据,并将其结果存储起来

　　C. 可以以查询为基础,来创建表、查询、窗体或报表

　　D. 查询是以数据库为基础创建的,不能以其他查询为基础创建

30. Access 中,查询的视图有三种方式,其中不包括(　　　)。

　　A. 设计视图　　　　　　　　　　B. 数据表视图

　　C. SQL 视图　　　　　　　　　　D. 普通视图

31. 关于打开查询的数据表视图的步骤,错误的是(　　　)。

　　A. 在查询对象列表中,双击要打开的查询

　　B. 在查询对象列表中,选定要打开的查询,单击"数据库"窗口上部的**打开**按钮

　　C. 在查询对象列表中,选定要打开的查询,单击"数据库"窗口上部的**设计**按钮

　　D. 在查询对象列表中,右击要打开的查询,在弹出快捷菜单中选择**打开**命令项

32. 查询的设计视图基本上分为三部分,(　　　)不是设计视图的组成部分。

　　A. 标题及查询类型栏　　　　　　B. 页眉页脚

　　C. 字段列表区　　　　　　　　　D. 设计网格区

33. 用查询设计视图创建好查询后,可进入该查询的数据表视图观察结果,下列方法不能实现的是(　　　)。

A. 保存关闭该查询后,再双击该查询

B. 直接单击工具栏上**打开**按钮

C. 选定**表**对象,双击**使用数据表视图创建**

D. 单击工具栏最左端的**视图**按钮,切换到数据表视图

34. 若要用设计视图创建一个查询,查找所有姓**张**的女同学的姓名、性别和总分,则正确的设置查询准则的方法应为( )。

    A. 在准则单元格中输入姓氏＝"张" AND 性别＝"女"

    B. 在**总分**对应的**准则**单元格中输入总分;在**性别**对应的**准则**单元格中输入"女"

    C. 在**姓名**对应的**准则**单元格中输入 Like "张＊";在**性别**对应的**准则**单元格中输入"女"

    D. 在**准则**单元格中输入**总分** OR 性别＝"女" AND 姓氏＝"张"

35. 如果要在某数据表中查找某文本型字段的内容以 S 开头,以 L 结尾的所有记录,则应该使用的查询条件是( )。

    A. Like "S＊L"   B. Like "S#L"

    C. Like "S?L"   D. Like "S$L"

36. 查询条件为"第 2 个字母为 a,第 3 个字母为 c,后面有个 st 连在一起"的表达式为( )。

    A. like "＊acst"   B. like "#ac$st"

    C. like "?ac＊st＊"   D. like "?ac＊st?"

37. 关于生成表查询的叙述,错误的是( )。

    A. 生成表查询是一种操作查询

    B. 生成表查询是从一个或多个表中选出满足一定条件的记录来创建一个新表

    C. 生成表查询将查询结果以表的形式存储

    D. 生成表中的数据是与原表相关的,不是独立的,必须每次都生成以后才能使用

38. 关于更新查询,说法不正确的是( )。

    A. 使用更新查询可以将已有的表中满足条件的记录进行更新

    B. 使用更新查询,一次只能对一条记录进行更改

    C. 使用更新查询后就不能再恢复数据了

    D. 使用更新查询效率比在数据表中更新数据效率高

39. 身份证号码是无重复的,但由于其位数较长,难免产生输入错误。为了查找表中是否有重复值,应该采用的最简单的查找方法是( )。

    A. 简单查询向导   B. 交叉表查询向导

    C. 查找重复项查询   D. 查找匹配项查询

40. ( )操作是在查询的某种视图中,打开**查询**菜单,然后单击要切换到的视图

名称。

  A. 打开查询的数据表视图   B. 打开查询的设计视图

  C. 切换查询视图   D. 使用向导创建查询

41. 关于查询设计视图的三个部分,叙述错误的是( )。

  A. 标题及查询类型栏在窗口的最上方的标题栏中,在此处显示查询的标题和查询类型

  B. 字段列表区在标题栏上方,显示打开的查询所应用的其他表

  C. 如果查询中包括多个表或查询的字段列表,则在字段列表之间将会用连接线来表示这些表与查询之间的关系

  D. 在网格区中,用户可以指定查询中所使用和显示的字段

42. 当操作查询正在运行时,( )能够中止查询过程的运行。

  A. 按 **Ctrl＋Break** 组合键   B. 按 **Ctrl＋Alt＋Del** 组合键

  C. 按 **Alt＋Break** 组合键   D. 按 **Alt＋F4** 组合键

43. 关于追加查询,说法不正确的是( )。

  A. 在追加查询与被追加记录的表中,只有匹配的字段才被追加

  B. 在追加查询与被追加记录的表中,不论字段是否匹配都将被追加

  C. 在追加查询与被追加记录的表中,不匹配的字段将被忽略

  D. 在追加查询与被追加记录的表中,不匹配的字段将不被追加

44. Access 的选择查询可以按照指定的准则,从( )个表中获取数据,并按照所需的排列次序显示。

  A. 1   B. 2

  C. 8   D. 多

45. 在准则中,字段名必须用( )括起来。

  A. 小括号   B. 方括号

  C. 引号   D. 大括号

46. 若要查询 20 天之内参加工作的记录,应选择的工作时间的准则是( )。

  A. ＜Date()－20   B. Between Date() And Date()－20

  C. ＜Date()－21   D. ＞Date()－21

47. 空字符串是用( )括起来的字符串,且中间没有空格。

  A. 大括号   B. 双引号

  C. 方括号   D. 井号

48. 在数据库窗口中,单击**查询**对象,再单击**新建**按钮,可以打开( )对话框。

  A. **查询向导**   B. **创建查询**

  C. **简单查询向导**   D. **新建查询**

49. 使用( )视图,可以创建带条件的查询。

　　　A. 查询　　　　　　　　　　　　　　B. 使用向导创建查询

　　　C. 查询向导　　　　　　　　　　　　D. 查询设计

50. 在查询设计视图的"设计网格"区,包括 7 行已命名的行,其中不包括(　　　)。

　　　A. 字段　　　　　　　　　　　　　　B. 显示

　　　C. 查询　　　　　　　　　　　　　　D. 准则

51. 要运行查询,可以直接(　　　)要运行的查询。

　　　A. 双击　　　　　　　　　　　　　　B. 单击

　　　C. 连续单击三次　　　　　　　　　　D. 右击

52. 通过**视图**菜单中(　　　)命令,可以对记录进行总计查询。

　　　A. 合计　　　　　　　　　　　　　**B. 总计**

　　　C. 求和　　　　　　　　　　　　　**D. 统计**

53. 总计查询需在查询设计视图中的(　　　)行中完成。

　　　A. 准则　　　　　　　　　　　　　**B. 总计**

　　　C. 或　　　　　　　　　　　　　　**D. 显示**

54. 总计项中的 **Group By** 表示的意义是(　　　)。

　　　A. 定义要执行计算的组

　　　B. 求在表或查询中第一条记录的字段值

　　　C. 指定不用于分组的字段准则

　　　D. 创建表达式中包含统计函数的计算字段

55. 若要统计员工人数,需在**总计**行单元格的下拉列表中选择函数(　　　)。

　　　A. Sum　　　　　　　　　　　　　　B. Count

　　　C. Var　　　　　　　　　　　　　　D. Avg

56. (　　　)是指根据一个或多个表中的一个或多个字段并使用表达式建立新字段。

　　　A. 总计　　　　　　　　　　　　　　B. 计算字段

　　　C. 查询　　　　　　　　　　　　　　D. 添加字段

57. 创建交叉表查询时,用户可以指定(　　　)总计类型的字段。

　　　A. 1 个　　　　　　　　　　　　　　B. 2 个

　　　C. 多个　　　　　　　　　　　　　　D. 无

58. 创建交叉表查询时,行标题最多可以选定(　　　)字段。

　　　A. 1 个　　　　　　　　　　　　　　B. 2 个

　　　C. 3 个　　　　　　　　　　　　　　D. 多个

59. 如果创建交叉表的数据源来自多个表,可以先建立(　　　)。

　　　A. 一个表　　　　　　　　　　　　　B. 查询

　　　C. 选择查询　　　　　　　　　　　　D. 以上都不对

60. 如果**列标题**字段的值为小数,Access 将在数据表中以(　　　)取代此字符。

    A. 乱码   B. 引号

    C. 下划线   D. 无法识别

61. 如果在一个已建的查询中创建参数查询,执行**保存**命令后,原查询将( )。

    A. 保留   B. 被新建的参数查询所替换

    C. 自动更名   D. 替换新建的参数查询

62. 创建单参数查询时,在"设计网格"区中输入**准则**单元格的内容即为( )。

    A. 查询字段的字段名   B. 用户任意指定的内容

    C. 查询的条件   D. 参数对话框中的提示文本

63. 下列查询中,( )查询可以从多个表中提取数据,组合起来生成一个新表永久保存。

    A. 参数   B. 生成表

    C. 追加   D. 更新

64. 关于操作查询,下列说法不正确的是( )。

    A. 如果用户经常要从几个表中提取数据,最好的方法是使用 Access 提供的生成表查询,即从多个表中提取数据组合起来生成一个新表永久保存

    B. 使用 Access 提供的删除查询一次可以删除一组同类的记录

    C. 在执行操作查询前,最好单击工具栏上**视图**按钮,预览即将更改的记录

    D. 在使用操作查询前,不用进行数据备份

65. 删除查询可以从单个表中删除记录,也可以从多个相互关联的表中删除记录。如果要从多个表中删除相关记录,必须满足三个条件,下列不符合的选项是( )。

    A. 在**关系**窗口中定义相关表之间的关系

    B. 在**关系**对话框中选定**级联删除相关记录**复选框

    C. 在**关系**对话框中选定**实施参照完整性**复选框

    D. 在**关系**对话框中选定**实体的完整性**复选框

66. 如果只删除指定字段中的数据,可以使用( )查询将该值改为空值。

    A. 删除   B. 更新

    C. 生成表   D. 追加

67. 设置排序可以将查询结果按一定的顺序排列,以便于查阅。如果所有的字段都设置了排序,那么查询结果将先按( )排序字段进行排序。

    A. 最左边   B. 最右边

    C. 最中间   D. 随机

68. 如果一次添加多个字段,则按住( )键并单击要添加的字段。

    A. **Shift**   B. **Ctrl**

    C. **Alt**   D. **Tab**

69. 若要计算各类职称的教师人数,需要设置**职称**和( )字段,对记录进行分组

统计。
>A. 工作时间
>B. 性别
>C. 姓名
>D. 以上都不是

70. 返回当前系统日期的函数是(　　)。
>A. Date(date)
>B. Date(day)
>C. Day(Date)
>D. Date()

71. 查询"设计网格"中作为"用于确定字段在查询中的运算方法"的行的名称是(　　)。
>A. 表
>B. 准则
>C. 字段
>D. 总计

72. 创建了总计查询后,单击工具栏上视图按钮,将其切换到(　　)视图,可以查看总计后的结果。
>A. 数据表
>B. 设计
>C. SQL
>D. 大纲

73. 创建交叉表查询时,用户需要指定三种字段,下列选项中不属于这三种字段的是(　　)。
>A. 放在数据表最左端的行标题,它把某一字段或相关的数据放入指定的一行中
>B. 放在数据表最上面的列标题,它对每一列指定的字段或表进行统计
>C. 放在数据表行与列交叉位置上的字段
>D. 放在数据表最下面的字段

二、填空题

1. 在 Access 中,_____查询的运行一定会导致数据表中数据的变化。

2. 一般情况下,查询可分为_____、_____、_____、操作查询和 SQL 查询 5 种。

3. 若要获得今天的日期,可使用_____函数;若要获得当前的日期及时间,可使用_____函数。

4. 要确定库存量乘以单价的平均值是否大于等于￥500 且小于等于￥1000,可输入_____。

5. 在设置查询的"准则"时,可以直接输入表达式,也可以使用表达式_____来帮助创建表达式。

6. 在交叉表查询中,只能有一个_____和值,但_____可以是一个或多个。

7. 假设某个表有 10 条记录,如果要筛选前 5 条记录,可在查询属性上限值中输入_____或_____。

8. 创建动作查询时,首先要_____数据,因为动作查询会改变表中数据。

9. 查询中的计算可以分为_____和_____。

10. 如果需要运行选择或交叉表查询，则只需双击该查询，Access 就会自动运行或执行该查询，并在_____视图中显示结果。

11. 如果需要运行操作查询，则先在设计视图中将其打开，对于每个操作查询，会有不同的显示：_____显示包括在新表中的字段；_____显示添加到另一个表中的记录。

12. 在**总计**行上，共提供了_____个总计项。

13. 在查询中，根据查询的数据源数量，将查询分为_____和_____。

14. 如果查询的结果中还需要显示某些另外的字段的内容，用户可以在查询的_____视图中加入某些查询的字段。

15. 在总计计算时，要指定某列的平均值，应输入_____；要指定某列中值的一半，应输入_____。

16. 在查询中还可以使用几种通配符号，"_____"表示任意个任意字符；"_____"表示一个任意字符；"#"表示一个任意数字；"[ ]"表示检验字符的范围。

17. 通配符与 Like 运算符合并起来，可以大大扩展查询范围：

(1) _____表示以 m 开头的名字。

(2) _____表示以 m 结尾的名字。

(3) _____表示名字中包含有 m 字母。

(4) _____表示名字中的第一个字母为 F～H 字母

(5) _____表示第二个字母为 m。

18. 要在名为**雇员**表中指定**雇员姓名**的字段，应使用_____。

19. 在创建查询时，有些实际需要的内容（字段）在数据源的字段中并不存在，但可以通过在查询中增加_____来完成。

20. 在参数查询过程中，用户可以通过设定查询参数的类型来确保用户输入的参数值的正确性。设定的方法是，通过**查询**菜单中_____命令项来设置。

21. 创建交叉表查询有两种方法，一种是使用简单_____创建交叉表查询，另一种是使用_____创建交叉表查询。

22. 当读者从图书馆借出一本书之后（在**借出书籍**表中新增加一条记录），此时就可以运行_____来将**书籍**表中该书的**已借本数**字段值进行改变。

23. **应还日期**字段为**借出书籍**表中的一个字段，类型为日期/时间型，则查找**书籍的超期天数**应该使用的表达式是_____。

24. 按_____键可以切换到"数据库"窗口。

25. 若查找小于 60 或大于 100 的数，则设定的条件表达式为_____。

26. 利用_____可以确定在表中是否有重复的记录，或记录在表中是否共享相同的值。

27. 交叉表查询利用表中的行和列进行数据的统计,在行与列的_____处显示表中某个字段的统计值。

28. 操作查询与选择查询的相同之处在于两者都是由用户指定查找记录的条件,但不同之处在于选择查询是检查符合条件的一组记录,而操作查询是_____等操作。

29. 参数查询是利用对话框来提示用户输入_____的查询。

30. 操作查询有_____、_____、_____和_____4种。

31. 当_____连接的表达式有一个为真时,整个表达式为真,否则为假。

32. 运算符是组成准则的基本元素,Access 提供了_____、_____和_____三种运算符。

33. 在查询设计视图窗口中的"设计网格"区中,由一些字段列和已命名的行组成,其中已命名的行有_____行。

34. 若要查询 1980 年出生的职员的记录,可使用的准则是_____。

35. 书写查询准则时,日期值应该用_____括起来。

36. 建立查询的方法有两种,分别是_____和_____。

37. 打开数据库窗口,单击_____对象,然后双击**使用向导创建查询**,可打开**简单查询向导**对话框。

38. 查询的结果是一组数据记录,即_____。

39. **查询**设计视图窗口分为上下两部分,上半部分为_____区,下半部分为"设计网格"。

40. 使用设计视图时,会打开一个**显示表**对话框,其中包含三个选项卡,分别是_____、_____和_____。

41. 在表的字段列表中选择字段并放在"设计网格"区的字段行上,选择字段的方法有三种,其中最简单的一种方法是_____。

42. 求表或查询中最后一条记录的字段值的总计项是_____。

43. _____计算就是所谓总计的计算,是系统提供的用于对查询中的记录组或全部记录进行计算的计算。

44. 对于自定义计算,必须直接在"设计网格"区中创建新的_____。

参 考 答 案

一、选择题

1. D	2. D	3. C	4. A	5. A	6. B
7. B	8. B	9. C	10. D	11. C	12. A
13. D	14. A	15. C	16. C	17. D	18. B
19. C	20. B	21. D	22. A	23. D	24. D
25. A	26. D	27. B	28. C	29. D	30. D
31. C	32. B	33. C	34. C	35. A	36. C

37. D	38. B	39. C	40. C	41. B	42. A
43. B	44. D	45. B	46. B	47. B	48. D
49. D	50. C	51. A	52. B	53. B	54. A
55. B	56. B	57. A	58. C	59. B	60. C
61. B	62. D	63. B	64. D	65. D	66. B
67. A	68. B	69. C	70. D	71. D	72. A
73. D					

二、填空题

1. 操作

2. 选择查询;参数查询;交叉表查询

3. Date();Now()

4. AVG(库存量 * 单价) BETWEEN 500 AND 1000

5. 生成器

6. 列标题;行标题

7. 5;50%

8. 保护

9. 预定义计算;自定义计算

10. 数据表

11. 生成表查询;追加查询

12. 12

13. 多表查询;单表查询

14. 设计

15. AVG(列名);[列名] * 5

16. * ;?

17. Like "m * "; Like " * m"; Like " * m * "; Like "m * "; Like "[F-H]"; Like "? m * "

18. [雇员].[雇员姓名]

19. 计算字段

20. 参数

21. 交叉表查询向导;设计视图

22. 更新查询

23. Date()-[借出书籍]![应还日期]

24. F11

25. < 60 Or >100

26. 查找重复项查询

27. 交叉

28. 在一次查询操作中对所有结果进行编辑

29. 准则

30. 生成表;删除;更新;追加

31. Or

32. 关系运算符;逻辑运算符;特殊运算符

33. 7

34. Year([出生日期])=1980

35. #号

36. 使用查询向导;设计视图

37. 查询

38. 动态集

39. 字段设计

40. 表;查询;两者都有

41. 双击选中的字段

42. Last

43. 预定义

44. 计算字段

习题五　窗体设计

一、选择题

1. 下列关于窗体的说法错误的是(　　)。
   - A. 可以利用表或查询作为表的数据源来创建一个数据输入窗体
   - B. 可以将窗体用作切换面板,打开数据库中的其他窗体和报表
   - C. 窗体可用作自定义对话框,来支持用户的输入及根据输入项执行操作
   - D. 在窗体的数据表视图中,不能修改记录。

2. 如果要在窗体上每次只显示一条记录,应该创建(　　)。
   - A. 纵栏式窗体
   - B. 图表式窗体
   - C. 表格式窗体
   - D. 数据透视表式窗体

3. (　　)窗体不能显示窗体页眉和页脚。
   - A. 纵栏式
   - B. 数据工作表式
   - C. 表格式
   - D. 主/子式

4. 不是窗体必备组件的是(　　)。
   - A. 节
   - B. 控件
   - C. 数据来源
   - D. 都需要

5. 下列说法中错误的是(　　)。
   - A. 窗体页眉的内容只在第一页上打印
   - B. 页面页眉的内容在每一页上都打印
   - C. 从字段列表中添加的控件应该放在页面页眉或页脚中
   - D. 在窗体视图中不能看到页面页眉

6. 用于显示窗体的标题、说明,或者打开相关窗体或运行某些命令的控件应该放在窗体的(　　)节中。
   - A. 窗体页眉
   - B. 主体
   - C. 页面页眉
   - D. 页面页脚

7. 标签控件通常通过(　　)向窗体中添加.
   - A. 工具箱
   - B. 字段列表
   - C. 属性表
   - D. 节

8. 下列窗体中可以通过窗体向导创建的是(　　)。
   - ① 纵栏式窗体
   - ② 表格式窗体
   - ③ 数据工作表窗体
   - ④ 主/子窗体窗体
   - ⑤ 图表式窗体
   - ⑥ 数据透视表窗体

    A. ①、②、③   B. ①、②、③、⑥

    C. ①、②、③、⑤、⑥   D. ①、②、③、④、⑤、⑥

9. 在图表式窗体中,若要显示一组数据的平均值,应该用( )函数。

    A. Min   B. Avg

    C. Sum   D. Count

10. 若要隐藏控件,应将( )属性设为否。

    A. 何时显示   **B. 锁定**

    C. 可用   **D. 可见**

11. 下列关于主/子窗体的叙述,错误的是( )。

    A. 主/子窗体必须有一定的关联,在主/子窗体中才可显示相关数据

    B. 子窗体只能显示为单一窗体

    C. 如果数据表内已经建立了子数据工作表,则对该表自动产生窗体时也会自动显示子窗体

    D. 子窗体的来源可以是数据表、查询或另个窗体

12. 在数据透视表中,筛选字段的位置是( )。

    A. 页区域   B. 列区域

    C. 数据区域   D. 行区域

13. 下列关于列表框和组合框说法正确的是( )。

    A. 列表框可以包含多列数据,而组合框只能包含一列数据

    B. 列表框和组合框中都可以输入新值

    C. 可以向组合框中输入新值,而列表框不行

    D. 可以向列表框中输入新值,而组合框不行

14. ( )可以连接数据源中 OLE 类型的字段。

    A. 非绑定对象框   B. 绑定对象框

    C. 文本框   D. 图像控件

15. 若要快速调整窗体格式,例如字体、背景等,则要在( )中修改。

    A. 工具箱   B. 字段列表

    C. 属性表   D. 自动套用格式

16. 控件属性窗口的( )选项卡可以设置有关控件名称、输入法模式、提示文本等一些属性。

    A. 格式   B. 数据

    C. 事件   D. 其他

17. **订单表和订单明细表**存在着一对多的关系,下列说法正确的是( )。

    A. 在数据源为**订单表**的窗体中,删除一条记录的同时,也将**订单明细表**中的相关记录删除了

  B. 在数据源为**订单**表的窗体中,删除一条记录的同时,不会把**订单明细**表中的相关记录删除

  C. 在数据源为**订单**表的窗体中,不能删除记录

  D. 在数据源为**订单明细**表的窗体中,不能删除记录

18. (　　)不属于 Access 中窗体的数据来源。

  A. 表   B. 查询

  C. SQL 语句   D. 信息

19. 每个窗体最多包含(　　)种节。

  A. 3   B. 4

  C. 5   D. 6

20. 窗体的节中,在窗体视图窗口中不会显示(　　)的内容。

  A. 窗体页眉和页脚   B. 主体

  C. 页面页眉和页脚   D. 都显示

21. 下列选择整个控件对象的操作中,错误的是(　　)。

  A. 单击控件的任意位置可选定单个控件

  B. 按住 **Tab** 键的同时,单击要选定的控件可选定多个控件

  C. 使用标尺可以选定大范围内的控件

  D. 单击**编辑**菜单中**全选**命令项,可选定全部控件

22. (　　)是指没有与数据来源相连接的控件。

  A. 绑定控件   B. 非绑定控件

  C. 计算控件   D. 以上都不正确

23. 窗体的 5 个组成部分中,用于包含窗体报表的主要部分,且该节通常包含绑定到记录源中字段的控件,但也可能包含未绑定控件,如标示字段内容的标签的是(　　)。

  A. 窗体页眉和页脚   B. 主体

  C. 页面页眉和页脚   D. 都显示

24. 窗体的 5 个组成部分中,用于显示窗体的使用说明、命令按钮或接受输入的未绑定控件,显示在窗体视图中窗体的底部和打印页的尾部的是(　　)。

  A. 窗体页眉   B. 窗体页脚

  C. 页面页眉   D. 页面页脚

25. 记录放在窗体中的(　　)节。

  A. 窗体页眉和页脚   B. 主体

  C. 页面页眉和页脚   D. 以上都可以

26. 在窗体的 5 个组成部分中,用于在窗体或报表中每页的底部显示页汇总、日期或页码的是(　　)。

  A. 窗体页眉   B. 窗体页脚

C. 页面页眉　　　　　　　　　　　D. 页面页脚

27. 如果用户想要改变窗体的结构、窗体内所显示的内容或窗体显示的大小,那么应该打开窗体的(　　)。

A, 窗体视图　　　　　　　　　　　B. 数据表视图

C. 设计视图　　　　　　　　　　　D. 运行视图

28. (　　)是用来显示一组有限选项集合的控件。

A. 标签　　　　　　　　　　　　　B. 文本框

C. 选项组　　　　　　　　　　　　D. 复选框

29. (　　)是窗体中显示数据、执行操作或装饰窗体的对象。

A. 记录　　　　　　　　　　　　　B. 模块

C. 控件　　　　　　　　　　　　　D. 表

30. 下列窗体中不可以自动创建的是(　　)。

A. 纵栏式窗体　　　　　　　　　　B. 表格式窗体

C. 图表窗体　　　　　　　　　　　D. 数据表窗体

31. 图表式窗体中的图表对象是通过(　　)程序创建的。

A. Microsoft Word　　　　　　　　B. Microsoft Graph

C. Microsoft Excel　　　　　　　　D. Photoshop

32. 图表式窗体中出现的字段不包括(　　)。

A. 系列字段　　　　　　　　　　　B. 数据字段

C. 筛选字段　　　　　　　　　　　D. 类别字段

33. 编辑数据透视表对象时,是在(　　)中读取 Access 数据,对数据进行更新的。

A. Microsoft Word　　　　　　　　B. Microsoft PowerPoint

C. Microsoft Graph　　　　　　　　D. Microsoft Excel

34. 打开窗体后,通过工具栏上的视图按钮可以切换的视图不包括(　　)。

A. 窗体视图　　　　　　　　　　　B. SQL 视图

C. 设计视图　　　　　　　　　　　D. 数据表视图

35. 窗体由不同种类的对象组成,每一个对象包括窗体都有自己独特的(　　)窗口。

A. 工具箱　　　　　　　　　　　　B. 工具栏

C. 属性　　　　　　　　　　　　　D. 字段列表

36. 为窗体指定数据来源后,在窗体设计窗口中,由(　　)取出数据源的字段。

A. 工具箱　　　　　　　　　　　　B. 自动格式

C. 属性表　　　　　　　　　　　　D. 字段列表

37. 下列说法中,正确的是(　　)。

A. 页眉页脚可以不同时出现

B. 创建图表式窗体时,如果在**轴**和**系列**区域都指定了字段,则必须选择 Sum、

Avg、Min、Max、Count 函数之一汇总数据,或去掉轴或系列区域任一字段

C. 关闭窗体的页眉和页脚后,位于这些节上的控件只是暂时不显示

D. 使用窗体向导不可以创建主/子窗体

38. ( )不能建立数据透视表。

    A. 窗体   B. 报表

    C. 查询   D. 数据表

39. 在主/子窗体中,子窗体还可以包含( )个子窗体。

    A. 0   B. 1

    C. 2   D. 3

40. 在图表式窗体中,若要显示一组数据的记录个数,应该用( )函数。

    A. Min   B. Avg

    C. Sum   D. Count

41. 在数据透视表中,筛选字段的位置是( )。

    A. 页区域   B. 列区域

    C. 数据区域   D. 行区域

42. 窗体属性中的导航按钮属性设成**否**,则( )。

    A. 不显示水平滚动条   B. 不显示记录选定器

    C. 不显示窗体底部的记录操作栏   D. 不显示分割线

43. 若要求在一个记录的最后一个控件按下 **Tab** 键后,光标会移至下一个记录的第一个文本框,则应在窗体属性中设置( )属性。

    A. 记录锁定   B. 记录选定器

    C. 滚动条   D. 循环

44. 下面的工具中,不能创建具有开与关、真与假或是与否值的控件的是( )。

    A. 复选框   B. 选项按钮

    C. 选项组   D. 切换按钮

45. 若要进行页面的切换,用户只需单击( )上的标签即可。

    A. 文本框   B. 列表框

    C. 选项卡   D. 标签控件

46. ( )代表一个或一组操作。

    A. 标签   B. 命令按钮

    C. 文本框   D. 组合框

47. 列表框和组合框的数据来源包括( )。

    ①表或查询的字段   ② 表或查询的字段值   ③用户输入或更新的数据

    ④ 使用 SQL 命令执行的结果   ⑤ 显示 VBA 传回的内容值

    A. ①②③   B. ②③④

C. ①②③④　　　　　　　　　　　D. ①②③④⑤

48. 如果不允许编辑文本框中的数据,则需要设置文本框中的(　　)属性.

    A. 何时显示　　　　　　　　　　B. 可用

    C. 可见　　　　　　　　　　　　D. 锁定

49. 下列说法中,错误的是(　　)。

    A. 在设计视图下可以添加、删除窗体的页眉、页脚和主体节,或者调整其大小, 也可以设置节属性

    B. 记录源可以更改窗体所基于的表和查询

    C. 可以添加计算控件以显示数据源中没有的字段值

    D. 从字段列表中添加控件时,Access 会根据字段类型来选择控件的类型

50. 控件属性窗口的(　　)选项卡可以设置控件的数据来源、输入掩码、有效性规则、是否锁定等属性。

    A. **格式**　　　　　　　　　　　B. **数据**

    C. **事件**　　　　　　　　　　　D. 其他

51. 为窗体上的控件设置 **Tab** 键顺序时,应设置控件属性表的(　　)选项卡的 **Tab 键次序**选项。

    A. **格式**　　　　　　　　　　　B. **数据**

    C. **事件**　　　　　　　　　　　D. 其他

52. 若在窗体设计窗口选取多个控件,可(　　)。

    A. 利用水平、垂直标尺　　　　　B. 按住 **Shift** 键的同时单击

    C. 使用鼠标拖出一个矩形　　　　D. 以上都可以

53. 下面说法中,不属于查询而属于窗体的功能的是(　　)。

    A. 可以搜索数据库中的记录

    B. 可以修改数据库中的记录

    C. 不仅可以搜索并计算一个表中的数据,还可以同时搜索多个表中的记录

    D. 可以查看和修改记录

54. (　　)不属于窗体的作用。

    A. 显示和操作数据

    B. 窗体由多个部分组成,每个部分称为一个“节”

    C. 提供信息,及时告诉用户即将发生的动作信息

    D. 控制下一步流程

55. 在 Access 中,窗体的类型分为(　　)种。

    A. 5　　　　　　　　　　　　　　B. 6

    C. 7　　　　　　　　　　　　　　D. 8

56. 下列关于纵栏式窗体的叙述中,错误的是(　　)。

A. 窗体中的一个显示记录按列分隔,每列的右边显示字段名,左边显示字段内容

B. 在纵栏式窗体中,可以随意地安排字段

C. 可以使用 Windows 的多种控制操作

D. 可以设置直线、方框、颜色、特殊效果

57. 窗体中的窗体和包含子窗体的基本窗体分别称为(　　)。

A. 子窗体和主窗体　　　　　　　　B. 表格式窗体和主窗体

C. 数据表窗体和子窗体　　　　　　D. 主窗体和子窗体

58. 如果一条记录的内容比较少,而独占一个窗体的空间就显得很浪费。此时,可以建立(　　)窗体。

A. 纵栏式　　　　　　　　　　　　B. 图表式

C. 表格式　　　　　　　　　　　　D. 数据透视表

59. (　　)窗体的主要作用是作为一个窗体的子窗体。

A. 纵栏式　　　　　　　　　　　　B. 图表式

C. 表格式　　　　　　　　　　　　D. 数据表窗体

60. 窗体有(　　)种视图方式。

A. 2　　　　　　　　　　　　　　B. 3

C. 4　　　　　　　　　　　　　　D. 5

61. 下列关于图表窗体的叙述中,错误的是(　　)。

A. 使用图表窗体能够更直观地显示表或查询中的数据

B. 可以使用图表向导创建图表窗体

C. 图表式窗体中的图表是由 Microsoft Graph 程序创建的 OLE 对象

D. 图表式窗体中不可以显示字段

62. 下列关于控件的叙述中,错误的是(　　)。

A. 控件是窗体上用于显示数据、执行操作、装饰窗体的对象

B. 在窗体中添加的每一个对象都是控件

C. 各种控件都可在窗体设计视图窗口中的工具箱中看到

D. 在窗体设计视图窗口中的工具箱中只能看到部分控件

63. 计算型控件的数据来源是(　　)。

A. 记录内容　　　　　　　　　　　B. 字段值

C. 表达式　　　　　　　　　　　　D. 没有数据来源

64. 在 Access 中,文本框可以分为(　　)。

A. 结合型、对象型、非结合型　　　B. 结合型、数据型、计算型

C. 结合型、计算型、非结合型　　　D. 计算型、对象型、非结合型

65. 绑定控件的数据来源是(　　)。

　　A. 记录内容　　　　　　　　　　　B. 字段值
　　C. 表达式　　　　　　　　　　　　D. 没有数据来源

二、填空题

1. 创建窗体的方式有三种，包括通过_____方式创建窗体、通过_____创建窗体、通过使用设计视图创建窗体。

2. 控件可以由_____和_____添加到窗体中。

3. Access 中的窗体是一种主要用于输入和_____数据的数据库对象。

4. 窗体工作类型包括纵栏式窗体、_____、主/子窗体、数据工作表窗体、_____、数据透视表窗体。

5. 按照应用功能的不同，将 Access 的窗体对象分为_____窗体和_____窗体两类。

6. 通过窗体可以查看、_____、添加、删除记录。

7. 窗体的数据来源有_____、查询和_____。

8. 操作事件是指与_____有关的事件。

9. 纵栏式窗体显示窗体时，在左边显示_____，在右边显示_____。

10. 按照是否与数据源绑定，控件可分为_____和_____。

11. 创建一页以上的窗体有两种方法：使用_____或_____。

12. 按照使用来源和属性的不同，控件可分为_____、绑定控件、非绑定控件三种。

13. 用来显示一对多关系中"多"方数据的控件是_____。

14. _____事件是指操作窗口时所引发的事件。

15. _____属性用于设定一个计算型控件或非结合型控件的初始值。

16. 窗体属性包括_____、_____、事件、其他和全部选项。

17. 常用的_____有"获得焦点"、"失去焦点"、"更新前"、"更新后"和更改等。

18. _____OLE 对象，可以对 OLE 对象进行编辑，在对象之外的地方_____，可以退出编辑状态。

19. 若多个控件需要同时更改格式或移动，应将其建立成_____。

20. 窗体的作用有_____、_____、_____和_____。

21. _____是以表或查询为基础创建的，是用来操作表或查询中的数据的界面。

22. 只有建立了_____，才能建立相应的主/子窗体。

23. 在窗体设计视图中，_____和_____是成对出现的。

24. 窗体由多个部分组成，每个部分称为一个_____。

25. 窗体页眉在设计视图的_____。

26. _____位于设计视图的最下方。

27. _____只能显示为纵栏式窗体，_____可以显示为数据表窗体。

28. _____用来决定数据在窗体中的显示方式。

29. _____是指和表中的字段相连接的控件。

30. _____是指没有与数据来源相连接的控件。

31. 在_____中,可以对窗体中的内容进行修改。

32. _____决定了一个控件或窗体中的数据来自于何处,以及操作数据的规则。

33. 单选按钮只可用于_____操作,_____可用于多选操作。

34. _____是既可以在一组有限选项集合中选取值,也可以直接输入值的控件,_____是可以在一组有限选项集合中选取值的控件。

35. _____可以把来自同一个记录源的控件划分成组。

36. 在 Access 中,_____用于决定表、查询、窗体及报表的特性。

37. _____窗体对数据进行的处理是 Access 中其他工具无法完成的。

38. _____属性主要是针对控件的外观或窗体的显示格式而设置的。

39. 在属性表中,单击要设置的属性,在属性框中输入一个_____或_____可以设置该属性。

40. 如果存在"一对多"关系的两个表都已经分别创建了子窗体,就可以将具有_____端的窗体添加到具有_____端的主窗体中去,使其成为_____。

参 考 答 案

一、选择题

1. D	2. A	3. B	4. C	5. C	6. A
7. A	8. D	9. B	10. D	11. B	12. A
13. C	14. B	15. D	16. D	17. C	18. D
19. C	20. C	21. B	22. B	23. B	24. B
25. B	26. D	27. C	28. C	29. C	30. C
31. B	32. C	33. D	34. B	35. C	36. D
37. B	38. B	39. B	40. D	41. A	42. C
43. D	44. C	45. C	46. B	47. D	48. D
49. A	50. B	51. D	52. D	53. D	54. D
55. B	56. A	57. A	58. C	59. D	60. D
61. D	62. D	63. C	64. C	65. B	

二、填空题

1. 自动创建窗体;窗体向导　　2. 工具箱;字段列表　　3. 显示

4. 表格式窗体;图表窗体　　5. 数据交互型;命令选择型　　6. 修改

7. 表;SQL 语句　　8. 操作数据　　9. 字段名;字段值

10. 动态控件;表态控件　　11. 选项卡控件;分页符控件　　12. 计算控件

13. 子窗体/子报表　　14. 窗口　　15. 默认值

16. 数据;格式

17. 对象事件

18. 双击;单击

19. 组

20. 显示和操作数据;显示信息;打印信息;控制流程

21. 窗体

22. 正确的表间关系

23. 页眉;页脚

24. 节

25. 最上方

26. 窗体页脚

27. 主窗体;子窗体

28. 控件

29. 绑定控件

30. 非绑定控件

31. 设计视图

32. 数据属性

33. 单选;复选框

34. 组合框;列表框

35. 选项卡控件

36. 属性

37. 数据透视表

38. 格式

39. 设置值;表达式

40. 多;一;子窗体

习题六 报 表 制 作

一、选择题

1. 如果要显示的记录和字段较多，并且希望可以同时浏览多条记录及方便比较相同字段，则应该创建(   )类型的报表。

    A. 纵栏式   B. 标签式

    C. 表格式   D. 图表式

2. 创建报表时，使用自动创建方式可以创建(   )。

    A. 纵栏式报表和表格式报表   B. 标签式报表和表格式报表

    C. 纵栏式报表和标签式报表   D. 表格式报表和图表式报表

3. 报表的视图方式不包括(   )。

    A. 打印预览视图   B. 版面预览视图

    C. 数据表视图   D. 设计视图

4. 报表的数据来源不包括(   )。

    A. 表   B. 窗体

    C. 查询   D. SQL 语句

5. 关于窗体和报表，下列说法正确的是(   )。

    A. 窗体和报表的数据来源都是表、查询和 SQL 语句

    B. 窗体和报表都可以修改数据源的数据

    C. 窗体和报表的工具箱中的控件不一样

    D. 窗体可以作为报表的数据来源

6. 报表的作用不包括(   )。

    A. 分组数据   B. 汇总数据

    C. 格式化数据   D. 输入数据

7. Access 的报表操作提供了(   )种视图。

    A. 2   B. 3

    C. 4   D. 5

8. "版面预览"视图显示(   )数据。

    A. 全部   B. 一页

    C. 第 1 页   D. 部分

9. 每个报表最多包含(   )种节。

    A. 5   B. 6

C. 7 D. 8

10. 用来显示报表中本页的汇总说明的是( )。

    A. 报表页眉　　　　　　　　　　B. 主体

    C. 页面页脚　　　　　　　　　　D. 页面页眉

11. 用来显示整份报表的汇总说明的是( )。

    A. 报表页脚　　　　　　　　　　B. 主体

    C. 页面页脚　　　　　　　　　　D. 页面页眉

12. 如果将报表属性的**页面页眉**属性项设置成**报表页眉不要**, 则打印预览时( )。

    A. 不显示报表页眉

    B. 不显示页面页眉

    C. 在报表页眉所在页不显示页面页眉

    D. 不显示报表页眉, 替换为页面页眉

13. 下列说法正确的是( )。

    A. 主/子表的子报表页面页眉在打印和预览时都显示

    B. 主/子表的子报表页面页眉只在打印时不显示

    C. 主/子表的子报表页面页眉只在预览时不显示

    D. 主/子表的子报表页面页眉在打印和预览时都不显示

14. 报表的种类不包括( )。

    A. 纵栏式报表　　　　　　　　　B. 标签式报表

    C. 表格式报表　　　　　　　　　D. 数据透视表式报表

15. 如果需要制作一个公司员工的名片, 应该使用( )。

    A. 标签式报表　　　　　　　　　B. 图表式报表

    C. 图表窗体　　　　　　　　　　D. 表格式报表

16. 下列报表中不可以通过报表向导创建的是( )。

    A. 纵栏式报表　　　　　　　　　B. 主/子报表

    C. 标签报表　　　　　　　　　　D. 表格式报表

17. 标签控件通常通过( )向报表中添加。

    A. 工具箱　　　　　　　　　　　B. 工具栏

    C. 属性表　　　　　　　　　　　D. 字段列表

18. 报表"设计视图"下的( )按钮是窗体设计视图下的工具栏中没有的。

    A. 代码　　　　　　　　　　　**B. 字段列表**

    C. 工具箱　　　　　　　　　　**D. 排序与分组**

19. ( )不能建立数据透视表。

    A. 窗体　　　　　　　　　　　　B. 报表

    C. 查询　　　　　　　　　　　　D. 数据表

20. 图表式报表中的图表对象是通过（　　）程序创建的。
    A. Microsoft Word　　　　　　　　B. Microsoft Excel
    C. Microsoft Graph　　　　　　　　D. Photoshop

21. 在利用图表向导创建图表的过程中，所允许的最多字段数为（　　）。
    A. 3 个　　　　　　　　　　　　　B. 4 个
    C. 5 个　　　　　　　　　　　　　D. 6 个

22. 创建图表式报表中，添加的字段不包括（　　）。
    A. 系列字段　　　　　　　　　　　B. 数据字段
    C. 筛选字段　　　　　　　　　　　D. 类别字段

23. 在图表式报表中，若要显示一组数据的记录个数，应该用（　　）函数。
    A. Count　　　　　　　　　　　　B. Sum
    C. Avg　　　　　　　　　　　　　D. Min

24. 报表由不同种类的对象组成，每个对象包括报表都有自己独特的（　　）窗口。
    A. 属性　　　　　　　　　　　　　B. 字段列表
    C. 工具箱　　　　　　　　　　　　D. 工具栏

25. 为报表指定数据来源后，在报表设计窗口中，由（　　）取出数据源的字段。
    A. 属性表　　　　　　　　　　　　B. 自动格式
    C. 字段列表　　　　　　　　　　　D. 工具箱

26. 预览主/子报表时，子报表页面页眉中的标签（　　）。
    A. 每页都显示一次
    B. 每个子报表只在第一页显示一次
    C. 每个子报表每页都显示
    D. 不显示

27. 将大量数据按不同的类型分别集中在一起，称为将数据（　　）。
    A. 合计　　　　　　　　　　　　　B. 分组
    C. 筛选　　　　　　　　　　　　　D. 排序

28. 若要使打印出的报表每页显示 3 列记录，则应在（　　）中设置。
    A. 属性表　　　　　　　　　　　　B. 工具箱
    C. 排序与分组　　　　　　　　　　D. 页面设置

29. 若在报表页眉处显示日期，例如，"2008-05-12"，则日期的格式应为（　　）。
    A. y-m-d　　　　　　　　　　　　B. yyyy-mmmm-dddd
    C. yy-mm-dd　　　　　　　　　　D. yyyy-mm-dd

30. 在报表设计视图中，区段被表示成带状形式，称为（　　）。
    A. 页　　　　　　　　　　　　　　B. 节
    C. 区　　　　　　　　　　　　　　D. 面

31. 在报表设计区中,主要用在封面的是(　　)。
     A. 组页脚节　　　　　　　　　　 B. 主体节
     C. 报表页眉节　　　　　　　　　 D. 页面页眉节

32. (　　)报表可同时显示一对多关系的"多"端的多条记录的区域。
     A. 纵栏式　　　　　　　　　　　 B. 表格式
     C. 图表　　　　　　　　　　　　 D. 标签

33. 下列各种类型的报表中,叙述错误的是(　　)。
     A. 纵栏式报表一般是以垂直方式在一页中的主体节区内显示一条或多条记录
     B. 表格式报表是以整齐的行、列形式显示记录数据
     C. 图表报表是包含图表显示的报表类型,可在其中设置分组字段、显示分组统计数据
     D. 标签是以标签的形式对报表进行打印输出

34. 使用"自动报表"功能创建报表时,需在(　　)对话框中选择报表类型。
     A. 显示表　　　　　　　　　　　 B. 新建报表
     C. 报表向导　　　　　　　　　　 D. 设计视图

35. 使用(　　)创建报表,可以完成大部分报表设计基本操作,加快了创建报表的过程。
     A. 版面视图功能　　　　　　　　 B. 设计视图功能
     C. 自动报表功能　　　　　　　　 D. 向导功能

36. 若用户对使用向导生成的图表不满意,可以在(　　)视图中对其进行进一步的修改和完善。
     A. 设计　　　　　　　　　　　　 B. 表格
     C. 图表　　　　　　　　　　　　 D. 标签

37. 如果对创建的标签报表不满意,可以在(　　)中进行修改。
     A. 使用向导　　　　　　　　　　 B. "设计"视图
     C. 自动报表　　　　　　　　　　 D. "标签向导"

38. 在"设计"视图中双击报表选择器打开(　　)对话框。
     A. 新建报表　　　　　　　　　　 B. 空白报表
     C. 属性　　　　　　　　　　　　 D. 报表

39. 在 Access 的报表中最多可以设置(　　)级分组。
     A. 3　　　　　　　　　　　　　　 B. 5
     C. 6　　　　　　　　　　　　　　 D. 10

40. (　　)报表中记录数据的字段标题信息被安排在页面页眉节区显示。
     A. 纵栏式　　　　　　　　　　　 B. 表格式
     C. 图表　　　　　　　　　　　　 D. 标签

41. 在( )报表中以垂直方式显示一条或多条记录。

    A. 纵栏式　　　　　　　　　　B. 表格式

    C. 图表　　　　　　　　　　　D. 标签

42. Access 使用( )来创建页码。

    A. 字符　　　　　　　　　　　B. 数值

    C. 表达式　　　　　　　　　　D. 函数

43. 当在一个报表中列出员工的基本工资、加班费、岗位津贴三项时,要计算每位员工这三项工资的和,只要设置新添计算控件的控件源为( )。

    A. ([基本工资]+[加班费]+[岗位津贴])

    B. [基本工资]+[加班费]+[岗位津贴]

    C. =([基本工资]+[加班费]+[岗位津贴])

    D. =[基本工资]+[加班费]+[岗位津贴]

44. 计算控件的控件源必须是以( )开头的计算表达式。

    A. =　　　　　　　　　　　　B. <

    C. ( )　　　　　　　　　　　D. >

45. 若要计算所有学生**英语**成绩的平均分,需设置控件源属性为( )。

    A. =sum([英语])　　　　　　　B. =Avg([英语])

    C. =sum[英语]　　　　　　　　D. =Avg[英语]

46. 在合并报表时,两个报表中的一个必须作为( )。

    A. 主报表　　　　　　　　　　B. 绑定的主报表

    C. 非绑定的主报表　　　　　　D. 以上都不是

47. 若在已有报表中创建子报表,需单击工具箱中的( )按钮。

    A. **子窗体/子报表**　　　　　　B. **子报表**

    C. **子窗体**　　　　　　　　　D. **控件向导**

48. 多列报表最常用的报表形式是( )。

    A. 数据表报表　　　　　　　　B. 图表报表

    C. 标签报表　　　　　　　　　D. 视图报表

二、填空题

1. 报表与窗体最大的区别在于报表可以对记录进行排序和_____,而不能添加、删除、修改记录。

2. 在 Access 中,报表设计时分页符以_____标志显示在报表的左边界上。

3. _____式报表将数据表或查询中的记录,按照字段排列的顺序,从上到下,在一列中显示一条记录中所有的字段内容。

4. _____式报表创建一个简单的横向列表,按照表或查询中字段排列的顺序,从左到右在一行中列出一条记录的所有字段内容,一般应用于表或查询中的字段数不多,在一行中能够全部排列开的情况。

5. 报表的视图方式有三种,分别是设计视图、_____和版面预览。其中,_____视图只显示部分数据,目的是查看报表设计的结构、版面设置、字体颜色、大小等。

6. 窗体与报表两者之中,不能显示数据表的是_____。

7. 在 Access 中,可以将_____转换为报表。

8. 按照需要可以将报表以_____方式命名,保存在数据库中。

9. 在利用报表向导创建报表过程中,最多可以对_____个字段排序,使用报表设计视图工具栏中的**排序与分组**按钮可以对_____个字段排序。

10. 报表的计算控件的控件来源属性值中的计算表达式是以_____开头的。

11. 报表布局方式有_____、_____、分级显示 1、分级显示 2、左对齐 1 和左对齐 2 六种。

12. 报表的布局方向有_____和_____两种。

13. 在**分组间隔**对话框中,_____字段按照整个字段或按字段中前 1 到 5 个字符分组。_____字段按照各自的值或按年、季度、月、星期、日、小时或分钟分组。

14. 在报表中设置字段的排序方式有两种方式,即_____和_____,默认的方式是前者。

15. 网格线的作用是_____,应在报表的属性表的_____选项卡(非**全部**选项卡)中设置网格线。

16. 报表主要用于对数据库中的数据进行分组、_____、_____和_____。

17. 如果报表的数据量较大,而需要快速查看报表设计的结构、版面设置、字体颜色、大小等,则应该使用_____视图。

18. 若要设计出带表格线的报表,则需要向报表中添加_____控件来完成表格线的显示。

19. 利用报表可以呈现格式化的_____。

20. _____用来显示报表的标题、图形或说明性文字。

21. _____中包含页码或控制项的合计内容,数据显示安排在文本框和其他一些类型控件中。

22. 通过在_____安排文本框或其他一些类型控件,可以显示整个报表的计算汇总或其他的统计数据信息。

23. 通过**视图**菜单中_____的命令,可以对组页眉和组页脚进行单独设置。

24. 首先使用_____或向导功能快速创建报表结构,然后在"设计"视图环境中对其外观、功能加以修改。

25. 使用_____创建报表时,会提示用户输入相关的数据源、字段和报表版面格式等信息。

26. 在 Access 中,除了可以使用自动报表和向导功能创建报表外,还可以从_____开始创建一个新报表。

27. 在 Access 中,通过_____可以将数据以图表形式显示出来。

28. 可以在报表上添加一个文本框,通过设置其_____属性为日期或时间的计算表达式来显示日期与时间。

29. 报表上节的大小是可以改变的,但报表只有_____的宽度,改变一个节的宽度将改变整个报表的宽度。

30. _____和_____只能作为一对同时添加。

31. 如果不需要页眉或页脚,可以将不要的节的**可见性**属性设置为_____,或者删除该节的_____,然后将其大小设置为_____,或将其高度属性设置为_____。

32. 用户可以利用节或控件的_____表中的属性框配合使用**颜色**对话框来进行相应属性的颜色设置。

33. 单击工具箱中的_____按钮可以在报表中添加线条。

34. 在报表中设置多个排序字段时,先按_____字段值排序。

35. Access 的报表通过分组可以实现_____数据的汇总和显示输出。

36. Access 的报表要实现排序和分组统计操作,应使用_____命令。

37. 对记录进行分组时,首先要选定_____。

38. 默认情况下,报表中记录的顺序是按照_____顺序显示的。

39. 计算控件的控件源是_____,当表达式的值发生变化时,会重新计算结果并输出显示。

40. 报表设计中页码的输出、分组统计数据的输出等均是通过设置绑定控件的控件源为计算表达式形式而实现的,这些控件就称为_____。

41. 在组页眉/组页脚节区内或报表页眉/报表页脚节区内添加计算字段,对某个字段的一组记录或所有记录进行求和或求平均统计计算时,这种形式的统计计算一般是对报表字段列的_____进行统计。

42. 在报表设计过程中,除了在版面上布置绑定控件直接显示字段数据外,还经常要进行各种运算并_____。

43. 在 Access 中,一个主报表最多只能包含_____级子窗体或子报表。

44. 在主报表中添加子报表时,在主报表的主体节下部要为子报表_____。

45. 如果要细微调整线条的位置,则同时按下_____键和箭头键中的一个。

46. 主报表可以包括多个_____和_____。

47. _____是插在其报表中的报表。

48. 如果每个子报表都有一个与其主报表相同的字段,那么可以在主报表内增加并_____多个子报表。

49. 设置主报表/子报表链接字段时,链接字段必须包含在_____中。

参 考 答 案

一、选择题

1. C	2. A	3. C	4. B	5. A	6. D
7. B	8. D	9. C	10. C	11. A	12. C
13. D	14. D	15. A	16. B	17. A	18. D
19. B	20. C	21. A	22. C	23. A	24. A
25. C	26. D	27. B	28. D	29. D	30. B
31. C	32. A	33. C	34. B	35. D	36. A
37. B	38. C	39. D	40. B	41. A	42. C
43. C	44. A	45. B	46. A	47. A	48. C

二、填空题

1. 分组	2. 短虚线	3. 纵栏
4. 表格	5. 打印预览;版面预览	6. 报表
7. 窗体	8. 对象	9. 4;10
10. =	11. 递阶;块	12. 横向;纵向
13. 文本;日期/时间	14. 升序;降序	15. 对齐控件;格式
16. 计算;汇总;打印输出	17. 版面预览	18. 直线或矩形
19. 数据	20. 报表页眉	21. 页面页脚节
22. 报表页脚区	23. 排序与分组	24. 自动报表
25. 自动报表	26. 设计视图	27. 图表向导
28. 控件源	29. 唯一	30. 页眉;页脚
31. 否;所有控件;0;0	32. 属性	33. 线条
34. 第一排序	35. 同组	36. 排序与分组
37. 分组字段	38. 自然	39. 计算表达式
40. 计算控件	41. 纵向记录数据	42. 将结果显示出来
43. 两	44. 预留空间	45. 主报表
46. 子窗体;子报表	47. 子报表	48. 链接
49. 主报表/子报表的数据源		

习题七　Access 的网络应用

一、选择题

1. 下列关于数据访问页作用的叙述中,正确的是(　　)。

    A. 用户通过数据访问页可以将数据的筛选和排序结果保存在数据库中

    B. 通过数据访问页,用户可以浏览、分析数据,但不能修改数据

    C. 用户可以随时刷新数据访问页上的数据

    D. 用户通过数据访问页,可以远程修改数据,但不会将修改结果保存到数据库中

2. 下面关于数据访问页的说法中,正确的是(　　)。

    A. 数据访问页由正文和组页脚构成

    B. 用于显示数据和计算结果值的是正文

    C. 数据访问页包括正文和节

    D. 标题属于正文的部分

3. 如果不要求对某一个不包含图片信息的记录源中的字段的显示与否进行选择,则创建数据访问页时应该选择(　　)方式创建。

    A. 自动创建　　　　　　　　　B. 使用向导创建

    C. 使用设计视图创建　　　　　D. 使用现有的 Web 页创建

4. (　　)不是数据访问页的类型。

    A. 交互式报表页　　　　　　　B. 数据输入页

    C. 数据分析页　　　　　　　　D. 数据输出页

5. 下列说法正确的是(　　)。

    A. HTML 的全称是动态超文本标记语言

    B. 没有安装 MS Office,就不可以在 IE 5.0 中交互地使用数据访问页、电子表格

    C. 如果更改了数据访问页链接文件的名称,仍然可以通过它打开网页

    D. 数据访问页是存储在数据库中的

6. (　　)类型的数据访问页不可以编辑数据。

    A. 交互式报表页　　　　　　　B. 数据输入页

    C. 数据分析页　　　　　　　　D. 都可以

7. (　　)不能在 Microsoft Access 数据库或 Microsoft Access 项目中输入、编辑数据。

    A. 表　　　　　　　　　　　　B. 窗体

　　　C. 报表　　　　　　　　　　　　　D. 数据访问页

8. 数据访问页是通过 Access 数据库中的(　　　)对象生成的。

　　　A. 表　　　　　　　　　　　　　　B. 窗体

　　　C. 页　　　　　　　　　　　　　　D. 报表

9. 若要查看最新的只读数据,可以使用 Microsoft Access 创建(　　　)类型的 Web 页。

　　　A. 数据访问页　　　　　　　　　　B. HTML 模板文件

　　　C. 静态 HTML 文件格式　　　　　D. 服务器生成的 ASP 或 IDC/HTX 文件

10. 使用(　　)创建方式,页面上表中的数据都简单地以纵栏式方式出现,并且没有进行数据分组等信息。

　　　A. 创建空白数据访问页　　　　　　B. 使用向导创建数据访问页

　　　C. 快速创建数据访问页　　　　　　D. 使用现有的 Web 页创建数据访问页

11. 用于显示信息性文本与数据绑定的控件以及节的是(　　　)。

　　　A. 节　　　　　　　　　　　　　　B. 正文

　　　C. 记录导航　　　　　　　　　　　D. 组页眉

12. 数据访问页有(　　　)种视图。

　　　A. 1　　　　　　　　　　　　　　　B. 2

　　　C. 3　　　　　　　　　　　　　　　D. 4

13. 使用向导创建数据访问页时,在确定分组级别步骤中可设置(　　　)分组级别。

　　　A. 3　　　　　　　　　　　　　　　B. 4

　　　C. 6　　　　　　　　　　　　　　　D. 10

14. 在打开数据库的**页**对象列表中单击对象,单击**设计**按钮。这是下列选项中哪一个的操作提要(　　　)。

　　　A. 打开数据访问页对象　　　　　　B. 打开数据访问页的设计视图

　　　C. 在 Web 浏览器中访问页文件　　D. 快速创建数据访问页

15. (　　　)不能快速创建数据访问页。

　　　A. 单击**文件**菜单中**新建数据访问页**命令项

　　　B. 单击工具栏上**新建**按钮

　　　C. 单击**新对象**选择器,并从下拉列表框中选择**页**

　　　D. 单击**插入**菜单中**页**命令项

16. 使用快速创建方式能创建(　　　)数据访问页。

　　　A. 纵栏式　　　　　　　　　　　　B. 列表式

　　　C. 图表式　　　　　　　　　　　　D. 电子表式

17. 在 Access 中,数据访问页的(　　　)类型,会重新组织数据,以不同的方式分析数据。

　　　A. 交互式报表页　　　　　　　　　B. 数据输入页

　　　C. 数据分析页　　　　　　　　　　D. 以上都不对

18. ( )是创建与设计数据访问页的一个可视化的集成界面。

    A. 页视图   B. 设计视图

    C. 数据表视图   D. 以上都不对

19. 在用向导创建数据访问页时,最后一步是( )。

    A. 确定页中的分组级别

    B. 确定页中的排序次序

    C. 为 Web 命名并确定打开后的视图

    D. 确定页中需要使用的"表/查询"的字段

20. 在数据访问页中主要用来显示描述性文本信息的是( )。

    A. 复选框   B. 文字

    C. 标签   D. 选项组

21. 用来创建 Office 图表的控件名称是( )。

    A. 图像   B. 超链接

    C. Office 图表   D. Office 透视表

22. 向数据访问页中插入含有超链接图像的控件名称是( )。

    A. 图像   B. 热点图像

    C. 滚动文字   D. 影片

23. 在 Access 中,向数据访问页中添加控制分组记录展开与收合的控件是( )。

    A. 展开控件   B. 记录浏览控件

    C. 直线   D. 矩形

24. Access 提供了数据访问页的( )功能,可以增强图案和颜色效果。

    A. 添加标签   B. 添加命令按钮

    C. 添加滚动文字   D. 设置背景

25. 在 Access 中,HTML 文件有( )。

    A. 静态的   B. 动态的

    C. 随机的   D. 静态的和动态的

26. ( )是为数据访问页提供字体、横线、背景图像以及其他元素的统一设计和颜色方案的集合。

    A. 背景   B. 主题

    C. 命令   D. 按钮

27. ( )控件可以显示数据库中某个字段的数据,或显示一个表达式的结果。

    A. 绑定 HTML   B. 复选框

    C. 列表框   D. 标签

28. 设置页面属性时,将**数据输入**属性设置为 True,表示( )。

    A. 设置数据页允许的最多记录数

　　B. 指定页中文本的对齐方式

　　C. 指定或确定控件信息的查看方向

　　D. 打开数据页浏览时,显示为空白记录

29. 数据访问页可以将数据库中的数据发布到(　　　)上。

　　A. 报表　　　　　　　　　　　B. Internet

　　C. 窗体　　　　　　　　　　　D. 数据库

30. 在 Access 中,通过数据访问页可以发布的数据是(　　　)。

　　A. 动态数据　　　　　　　　　B. 数据库中保存的数据

　　C. 静态数据　　　　　　　　　D. 任何数据

31. 在 Access 中,如果要设置数据页允许的最多记录数,应在(　　　)中设置。

　　A. 页面属性　　　　　　　　　B. 页属性

　　C. 节属性　　　　　　　　　　D. 控件属性

32. 工具箱中的(　　　)控件能够将一些内容罗列出来供用户选择。

　　A. 复选框　　　　　　　　　　B. 文本框

　　C. 选项卡　　　　　　　　　　D. 组合框

二、填空题

　　1. 在 Microsoft Access 中,在设计视图中打开页后,单击**文件**菜单中_____命令项,可以在 Web 浏览器中打开页;在 Internet Explorer 中,单击_____菜单中**使用 Microsoft Office Access 编辑**命令项,可以在 Microsoft Access 的设计视图中打开页。

　　2. 如果要使滚动文字在 50ms 内移动 10 个像素的长度,则应该将滚动文字的ScrollDelay属性设置为_____,ScrollAmount 属性设置为_____。

　　3. 在 Access 中,_____是一种可以直接与数据库中的数据连接的网页。

　　4. 在数据访问页中对记录排序时,若要求相同的**订单号**中的记录按**单价降序**排列,则首先要排列_____字段。

　　5. 数据访问页由正文和_____组成。

　　6. 可以从表、查询、_____、_____导出 HTML 文档。

　　7. Office 提供了三个可以使用在 Web 上的组件,包括_____、图表和_____。

　　8. 给数据访问页添加所需控件时,主要是定义控件的_____。

　　9. 如果想要创建复杂一些的数据访问页,并且想要在数据访问页中定义数据分组信息时,应该使用_____方式来创建数据访问页。

　　10. 从查询导出的 HTML 文档_____(会/不会)因为数据库的数据更改而更改。

　　11. 在 Access 中创建的_____,本身并不存储在数据库中,在数据库中仅保存与该 HTML 文件的链接。

　　12. 根据数据访问页的用途,可以将数据访问页分为_____类。

13. _____类型的数据访问页经常用于合并和分组保存在数据库中的信息,然后发布数据的总结,并且在这种页上不能编辑数据。

14. _____类型的数据访问页用于查看、添加和编辑记录。

15. 利用_____可以对记录进行浏览和操作。

16. 在 Access 中,_____视图是查看所生成的数据访问页样式的一种视图方式。

17. 利用_____可以在互联网上使用数据访问页。

18. 使用自动创建数据访问页只能创建_____数据访问页。

19. 在 Access 中,用户可以从_____向新的数据访问页添加控件。

20. 工具箱中的_____按钮可以在数据访问页中插入一个含超链接地址的文本字段。

21. _____在数据访问页中主要用来显示描述性文本信息。

22. 在 Access 中,用户可以利用_____控件来添加滚动文字。

23. 要使用自定义背景颜色、图片或声音之前,必须删除已经应用的_____。

24. 在 Access 中,有_____ HTML 文件,也有_____ HTML 文件,用户可以根据应用程序的需求来确定使用哪一种 HTML 文件格式。

25. 在 Access 中,单击_____菜单中_____命令项,可以修改常用的文件属性。

参 考 答 案

一、选择题

1. C	2. C	3. A	4. D	5. C	6. A
7. C	8. C	9. D	10. C	11. B	12. B
13. B	14. B	15. A	16. A	17. C	18. B
19. C	20. C	21. C	22. B	23. A	24. D
25. D	26. B	27. A	28. D	29. B	30. B
31. A	32. D				

二、填空题

1. 网页预览	2. 50;10	3. 数据访问页
4. 订单号	5. 节	6. 窗体;报表
7. 电子表格;数据透视表	8. 属性	9. 向导
10. 不会	11. 数据访问页	12. 3
13. 交互式报表页	14. 数据输入页	15. 命令按钮
16. 页	17. IE 浏览器	18. 纵栏式
19. 工具箱	20. 绑定超链接	21. 标签
22. 滚动文字	23. 主题	24. 静态;动态
25. 文件;页属性		

习题八　宏的创建与使用

一、选择题

1. 有关宏操作,叙述错误的是(　　　)。
   - A. 宏的条件表达式中不能引用窗体或报表的控件值
   - B. 所有宏操作都可以转化为相应的模块代码
   - C. 使用宏可以启动其他应用程序
   - D. 可以利用宏组来管理相关的一系列宏

2. 若要限制宏命令的操作范围,可以在创建宏时定义(　　　)。
   - A. 宏操作对象　　　　　　　　　B. 宏条件表达式
   - C. 窗体或报表控件属性　　　　　D. 宏操作目标

3. 在条件宏设计时,对于连续重复的条件,要替代重复条件时可以使用(　　　)符号。
   - A. …　　　　　　　　　　　　　B. ＝
   - C. ,　　　　　　　　　　　　　D. ；

4. 在宏的表达式中要引用报表 test 上控件 txtName 的值,可以使用引用式(　　　)。
   - A. txtName　　　　　　　　　　B. test！txtName
   - C. Reports！test！txtName　　　D. Reoport！txtName

5. 下列操作中能产生宏操作的是(　　　)。
   - A. 创建宏　　　　　　　　　　　B. 运行宏
   - C. 编辑宏　　　　　　　　　　　D. 创建宏组

6. 关于设置宏操作参数,说法错误的是(　　　)。
   - A. 在宏中添加了某个操作后,可以在宏窗口的下部设置这个操作的参数
   - B. 很多操作参数对应的单元格都有下拉列表,可以从列表中选择,也可以在文本框中输入参数
   - C. 如果操作中有调用数据库对象名的参数,则可以将对象从数据库窗口中拖动到参数框,从而设置参数及其对应的对象类型参数
   - D. 用户可以在所有参数的表达式前使用等号来设置操作参数

7. VBA 的自动运行宏,应当命名为(　　　)。
   - A. AutoExec　　　　　　　　　　B. Autoexe
   - C. Auto　　　　　　　　　　　　D. AutoExec. bat

8. 在**单步执行**对话框中,显示的是(　　　)的有关信息。
   - A. 刚运行完的宏操作　　　　　　B. 下一个要执行的宏操作

  C. 以上都对   D. 以上都不对

9. 若一个宏中包含多个操作,则在运行宏时将按(　　)的顺序来运行这些操作。

  A. 从下到上   B. 从上到下

  C. 随机   D. 上述都不对

10. 如果将宏指定为 RunMacro 操作的**宏名**参数,可使用(　　)来引用宏。

  A. Reports! reportname. properptyname

  B. Reports! reportname! controlname. propertyname

  C. macrogroupname. macroname

  D. Forms! formname. Section(constant). propertyname

11. 在宏的操作参数中输入表达式,除 SetValue 操作的**表达式**参数和 RunMacro 操作的**重复表达式**参数之外,一般情况下都在表达式的开头输入(　　)。

  A. :   B. =

  C. !   D. &

12. 关于查找数据的宏操作,说法不正确的是(　　)。

  A. ApplyFilter 宏操作的目的是对表格的基础表或查询使用一个命名的过滤、查询或一个 SQL WHERE 从句,以便能够限制一个表格或者查询显示的信息

  B. FineNext 找出符合查询标准的一个记录

  C. GoToRecord 宏操作的目的是移动到不同的记录上,并使它成为表、查询或者表格中的当前值

  D. GoToRecord 可以移动到一个特定编号的记录上,或者移动到尾部的新记录上

13. 宏组由(　　)组成。

  A. 若干个宏操作   B. 一个宏

  C. 若干个宏   D. 上述都不对

14. 宏命令、宏、宏组的组成关系由小到大为(　　)。

  A. 宏 → 宏命令 → 宏组   B. 宏命令 → 宏 → 宏组

  C. 宏 → 宏组 → 宏命令   D. 以上都错

15. 下列关于宏的说法中,错误的是(　　)。

  A. 宏是若干个操作的集合

  B. 每一个宏操作都有相同的宏操作参数

  C. 宏操作不能自定义

  D. 宏通常与窗体、报表中的命令按钮结合使用

16. 关于宏与宏组,说法不正确的是(　　)。

  A. 宏是由若干个宏操作组成的集合

B. 宏组可分为简单宏组和复杂宏组

C. 运行复杂宏组时,只运行该宏组中的第一个宏

D. 不能从一个宏中直接运行另一个宏

17. 下列关于有条件的宏的说法中,错误的是(　　　)。

　　A. 条件为真时,将执行此行中的宏操作

　　B. 宏在遇到条件内有省略号时,中止操作

　　C. 如果条件为假,将跳过该行操作

　　D. 宏的条件内的省略号相当于该行操作的条件与其前一个宏操作的条件相同

18. 在宏窗口中,(　　　)列可以隐藏不显示。

　　A. 只有条件　　　　　　　　　　B. 操作

　　C. 备注　　　　　　　　　　　　D. 宏名和条件

19. 宏设计窗口中有**宏名**、**条件**、**操作**和**备注**列,其中,(　　　)是不能省略的。

　　A. **宏名**　　　　　　　　　　　B. **条件**

　　C. **操作**　　　　　　　　　　　D. **备注**

20. 创建宏至少要定义一个**操作**,并设置相应的(　　　)。

　　A. 宏操作参数　　　　　　　　　B. 条件

　　C. 命令按钮　　　　　　　　　　D. 备注信息

21. 在宏窗口显示或隐藏**条件**列的操作为(　　　)。

　　A. 单击**视图**菜单中**条件**命令项　　　B. 单击**视图**菜单中**宏名**命令项

　　C. 双击工具栏上**条件**按钮　　　　　D. 上述都不对

22. 下列关于运行宏的说法中,错误的是(　　　)。

　　A. 运行宏时,对每个宏只能连续运行

　　B. 打开数据库时,可以自动运行名为 **autoexec** 的宏

　　C. 可以通过窗体、报表上的控件来运行宏

　　D. 可以在一个宏中运行另一个宏

23. 如果不指定对象,Close 将会(　　　)。

　　A. 关闭正在使用的表　　　　　　B. 关闭当前数据库

　　C. 关闭当前窗体　　　　　　　　D. 关闭活动窗口

24. 打开表的模式有增加、编辑和(　　　)三种。

　　A. 删除　　　　　　　　　　　　B. 只读

　　C. 修改　　　　　　　　　　　　D. 设计

25. (　　　)是一系列操作的集合。

　　A. 窗体　　　　　　　　　　　　B. 报表

　　C. 宏　　　　　　　　　　　　　D. 模块

26. 使用(　　　)可以决定在某些情况下运行宏时,某个操作是否进行。

　　A. 语句　　　　　　　　　　　　　B. 条件表达式

　　C. 命令　　　　　　　　　　　　　D. 以上都不是

27. 宏的命名方法与其数据库对象相同,宏按(　　)调用。

　　A. 名　　　　　　　　　　　　　　B. 顺序

　　C. 目录　　　　　　　　　　　　　D. 系统

28. 宏组中的宏按(　　)调用。

　　A. 宏名. 宏　　　　　　　　　　　B. 宏组名. 宏名

　　C. 宏名. 宏组名　　　　　　　　　D. 宏. 宏组名

29. RunSQL 命令用于(　　)。

　　A. 执行指定的 SQL 语句　　　　　B. 执行指定的外部应用程序

　　C. 退出 Access　　　　　　　　　 D. 设置属性值

30. 下列不能够通过宏来实现的功能是(　　)。

　　A. 建立自定义菜单栏

　　B. 实现数据自动传输

　　C. 自定义过程的创建和使用

　　D. 显示各种信息,并能够使计算机扬声器发出报警声,以引起用户注意

31. 宏的操作都可以在模块对象中通过编写(　　)语句来达到相同的功能。

　　A. SQL　　　　　　　　　　　　　B. VBA

　　C. VB　　　　　　　　　　　　　 D. 以上都不是

32. 下列关于宏和 VBA 的叙述中,错误的是(　　)。

　　A. 宏的操作都可以在模块对象中通过编写 VBA 语句来达到相同的功能

　　B. 宏可以实现事务性的或重复性的操作

　　C. VBA 要完成一些复杂的操作或自定义操作

　　D. 选择使用宏还是 VBA,要取决于用户的个人爱好

33. 下列操作中,不是通过宏来实现的是(　　)。

　　A. 打开和关闭窗体　　　　　　　 B. 显示和隐藏工具栏

　　C. 对错误进行处理　　　　　　　 D. 运行报表

34. 将宏转换为等价的 VBA 事件过程或模块,转换操作分为(　　)种。

　　A. 1　　　　　　　　　　　　　　B. 2

　　C. 3　　　　　　　　　　　　　　D. 4

35. 一个非条件宏,运行时系统(　　)。

　　A. 执行部分宏操作　　　　　　　 B. 执行设置了参数的宏操作

　　C. 执行全部宏操作　　　　　　　 D. 等待用户选择执行每个宏操作

36. 创建宏组时,进入"宏"设计窗口,单击(　　)菜单中**宏名**命令项,会在"宏"设计
窗口增加一个**宏名**列。

  A. 工具   B. 视图

  C. 插入   D. 窗口

37. 在宏中添加条件时,单击**视图**菜单中( )命令项,会在"宏"设计窗口增加一个**条件**列。

  A. 添加   B. 条件表达式

  C. 条件   D. 以上都不是

38. 若在宏表达式中引用窗体 Forml 上控件 Txt1 的值,可以使用的引用式是( )。

  A. Txt1   B. Form! Txt1

  C. Forms! Form1! Txt1   D. Forms! Txt1

39. 条件宏的条件项的返回值是( )。

  A. 真   B. 假

  C. 真或假   D. 不能确定

40. 在 Access 中,可以通过选择运行宏或( )来响应窗体、报表或控件上发生的事件。

  A. 运行过程   B. 事件

  C. 过程   D. 事件过程

41. 直接运行宏时,可以使用( )对象的 RunMacro 方法,从 VBA 代码过程中运行。

  A. Text   B. Docmd

  C. Command   D. Caption

42. 单击**工具**菜单**宏**级联菜单中**运行宏**命令项,再选择或输入要运行的宏,可以( )。

  A. 直接运行宏

  B. 运行宏或事件过程以响应窗体、报表或控件的事件

  C. 运行宏组里的宏

  D. 以上都不正确

43. Access 系统中提供了( )执行的宏调试工具。

  A. 单步   B. 多步

  C. 异步   D. 同步

44. Access 中提供了( )个可选的宏操作命令。

  A. 40 多   B. 50 多

  C. 60 多   D. 70 多

45. 用于显示消息框的宏命令是( )。

  A. Beep   B. MsgBox

  C. Quit   D. Restore

46. 用于打开窗体的宏命令是( )。

    A. OpenForm   B. Requery

    C. OpenReport   D. OpenQuery

47. OpenReport 命令表示(   )。

    A. 打开数据库   B. 打开报表

    C. 打开窗体   D. 执行指定的外部应用程序

二、填空题

1. 一般情况下,建议用户按操作参数的_____来设置操作参数,因为某一参数的选择将决定其后面参数的选择。

2. 通过宏打开某个数据表的宏命令是_____。

3. 通过宏查找下一条记录的宏操作是_____。

4. 在一个宏中运行另一个宏时,使用的宏操作命令是_____。

5. 打开查询的宏命令是_____。

6. 定义_____有利于数据库中宏对象的管理。

7. 宏窗口上半部分由 4 列组成,它们分别是宏名、条件、_____和_____列。

8. 如果要建立一个宏,希望执行该宏后,首先打开一个表,然后打开一个窗体,那么在该宏中,应使用_____和_____两个宏命令。

9. 若执行操作的条件是如果**姓名**为空,则条件表达式为_____。

10. 在宏的表达式中,还可能引用到窗体或报表上的控件值。引用窗体控件的值,可以使用表达式_____;引用报表控件的值,可以使用表达式_____。

11. 导出数据到 Excel 电子表格文件或从中导入数据所对应的宏操作是_____。

12. 若执行操作的条件是**发货日期**在 2008 年 2 月 28 日到 2008 年 5 月 28 日之间,则条件表达式为_____。

13. 导出数据给文本文件或从文本文件导入数据的宏操作是_____。

14. 如果要放大活动窗口,使其充满 Access 窗口,让用户尽可能多地看到活动窗口中的对象,应该采用的宏操作是_____;相反,如果想让活动窗口缩小为 Access 窗口底部的小标题栏,应采用的宏操作是_____。

15. 如果想移动或更改活动窗口的尺寸,应使用的宏操作为_____。

16. 若想将处于最大化或最小化的窗口恢复为原来的大小时,应采用的宏操作是_____。

17. 停止所有宏,包括调用此宏的任何宏时应该使用的宏操作是_____;停止当前正在运行的宏,应采用的宏操作是_____。

18. 实际上,所有宏操作都可以通过_____的方式转换为相应的模块代码。

19. 为窗体或报表上的控件设置属性值的宏命令是_____。

20. 设置计算机发出嘟嘟声的宏操作是_____。

21. 对某个数据库对象重命名的宏操作是_____。

22. Close 命令用于_____。

23. 移动至其他记录,并使它成为指定表、查询或窗体中的当前记录的宏操作是_____。

24. 宏是由_____或_____操作组成的集合。

25. 通过执行宏,Access 能够有次序地_____执行一连串的操作。

26. 每个宏操作的参数都显示在_____中。

27. 宏可以是包含操作序列的_____或_____。

28. 在 Access 系统中,宏及宏组保存都需要_____。

29. PrintOut 命令用于_____。

30. 在宏中,如果设计了_____,有些操作就会根据条件情况来决定是否执行。

31. Quit 命令用于_____。

32. 对于事务性的或重复性的操作,可以通过_____来实现。

33. 在 Access 中提供了将宏转换为等价的_____过程或模块的功能。

34. 将宏转换为等价的 VBA 事件过程或模块,转换操作分为两种情况,分别是_____和_____。

35. 要转换窗体或报表中的宏,需通过_____菜单**宏**级联菜单中**将窗体的宏转换为 Visual Basic 代码**或**将报表的宏转换为 Visual Basic 代码**命令项。

36. 要转换全局宏,需在_____对话框中,将_____设置为模块。

37. 宏可以分为_____、_____和包括条件操作的宏三类。

38. RunApp 命令用于_____。

39. 创建宏的过程主要有_____、添加操作、_____及提供备注等。

40. 被命名为_____保存的宏,在打开该数据库时会自动运行。

41. 单击**视图**菜单中_____命令,使此命令上带复选标记,会在"宏"设计窗口增加一个**宏名**列。

42. 单击工具栏上_____按钮,会在宏设计窗口中增加一个**条件**列。

43. 条件项是逻辑表达式,返回值只有_____和_____两个。

44. _____是显示在"数据库"窗体中的宏和宏组列表的名字。

45. 在数据处理过程中,如果希望只是满足指定条件执行宏的一个或多个操作,可以使用_____来控制这种流程。

46. 条件表达式输入到"宏"设计窗口的**条件**列时,条件表达式可能会引用_____或_____上的控件值。

47. 在宏中添加了某个操作后,可以设置此操作的_____。

48. 通常情况下,直接运行宏或宏组里的宏只是进行宏的_____。

49. 使用_____执行,可以观察宏的流程和每一个操作的结果。

50. 一个宏可以含有多个操作,并且可以定义它们执行的_____。

参 考 答 案

一、选择题

1. A	2. B	3. A	4. C	5. B	6. A
7. A	8. B	9. B	10. C	11. B	12. D
13. C	14. B	15. B	16. D	17. B	18. D
19. C	20. A	21. A	22. A	23. A	24. D
25. C	26. B	27. A	28. B	29. A	30. C
31. B	32. D	33. C	34. B	35. C	36. B
37. C	38. C	39. C	40. D	41. B	42. A
43. A	44. B	45. B	46. A	47. B	

二、填空题

1. 排列顺序
2. OpenTable
3. FindNext
4. RunMacro
5. OpenQuery
6. 宏组
7. 操作;备注
8. OpenTable;OpenForm
9. IsNull([姓名])
10. Forms! 窗体名! 控件名;Reports! 报表名! 控件名
11. TransferSpreadsheet
12. [发货日期] Between # 28-2-2008# And 28-5-2008#
13. TransferText
14. Maximize;Minimize
15. MoveSize
16. Restore
17. StopAllMacro;StopMacro
18. 另存为模块
19. SetValue
20. Beep
21. Rename
22. 关闭一个对象
23. GotoRecord
24. 一个;多个
25. 自动
26. 宏的设计环境
27. 一个宏;一个宏组
28. 命名
29. 打印激活的对象
30. 条件宏
31. 退出 Access
32. 宏
33. VBA 事件
34. 转换窗体或报表中的宏;转换不属于任何窗体与报表的全局宏
35. 工具
36. 另存为;保存类型
37. 操作序列宏;宏组
38. 执行指定的外部应用程序
39. 指定宏名;设置参数
40. AutoExec
41. 宏名
42. 条件
43. 真;假
44. 宏组的名字
45. 条件
46. 窗体;报表
47. 参数
48. 测试
49. 单步跟踪
50. 顺序

习题九 关系数据库标准语言 SQL

一、选择题

1. 下列语句中,不属于 SQL 常用语句的是( )。
   A. SELECT
   B. INSERT
   C. IF
   D. DELETE

2. 在 SQL 语言中,可使用( )语句定义数据表。
   A. ALTRE TABLE
   B. DROP TABLE
   C. CREATE INDEX
   D. CREATE TABLE

3. 在 SQL 语言中,可以使用( )语句修改表结构。
   A. ALTRE TABLE
   B. DROP TABLE
   C. CREATE INDEX
   D. CREATE TABLE

4. SQL 中的数据操作语句不包括( )。
   A. INSERT
   B. UPDATE
   C. SELECT
   D. DELETE

5. SQL 语言提供了( )语句进行数据库的查询,其主要功能是实现数据源数据的筛选、投影和连接操作。
   A. UPDATE
   B. SELECT
   C. INSERT
   D. CREATE

6. 如果在 SQL-SELECT 语句的 ORDER BY 子句中指定 DESC,则表示( )。
   A. 按降序排序
   B. 按升序排序
   C. 不排序
   D. 无任何意义

7. 下列查询类型中,不属于 SQL 查询的是( )。
   A. 简单查询
   B. 嵌套查询
   C. 连接查询
   D. 视图查询

8. 在 SQL 语言中,若想删除数据表,应使用( )。
   A. DROP
   B. DROP TABLE
   C. DELETE
   D. SELECT

9. ( )是并(union)操作,其查询语句是将两个或多个选择查询语句用 Union 运算符连接起来而组成的。
   A. 简单查询
   B. 联合查询
   C. 选择查询
   D. 嵌套查询

10. 查询结果按列名的值进行分组的语句是( )。
    A. GROUP   B. ORDER BY
    C. ARRAY BY   D. GROUP BY

11. 下列叙述正确的是( )。
    A. SELECT 命令通过 FOR 子句指定查询条件
    B. SELECT 命令通过 WHERE 子句指定查询条件
    C. SELECT 命令通过 WHILE 子句指定查询条件
    D. SELECT 命令通过 IS 子句指定查询条件

12. 与 WHERE AGE BETWEEN 18 AND 23 完全等价的是( )。
    A. WHERE AGE>18 AND AGE<23
    B. WHERE AGE>=18 AND AGE<23
    C. WHERE AGE>18 AND AGE<=23
    D. WHERE AGE>=18 AND AGE<=23

13. 在 SQL-SELECT 语句的下列子句中,通常和 HAVING 子句同时使用的是( )。
    A. ORDER BY 子句   B. WHERE 子句
    C. GROUP BY 子句   D. 均不需要

14. 在查询中统计记录的个数时,应使用( )函数。
    A. SUM   B. COUNT(列名)
    C. COUNT(＊)   D. AVG

15. 在查询中统计某列中选择的项数应使用( )函数。
    A. SUM   B. COUNT(列名)
    C. COUNT(＊)   D. AVG

16. 关于传递查询,下列说法不正确的是( )。
    A. 传递查询是 SQL 查询的一种
    B. 传递查询是指将来自一个或多个表或查询的字段组合为查询结果中的一个
       字段或列
    C. 传递查询是自己并不执行而传递给另一个数据库来执行的查询
    D. 在创建传递查询时,需要完成两项工作,一是设置要连接的数据库,二是在
       SQL 窗口中输入 SQL 语句

17. 关于数据定义查询,下列说法错误的是( )。
    A. 使用数据定义查询可以直接创建、删除或更改表,或者在当前数据库中创建
       索引
    B. 数据定义查询是 SQL 查询的一种
    C. 数据定义查询是自己并不执行而传递给另一个数据库来执行的查询
    D. 每个数据定义查询只能由一个数据定义语句组成

18. 下列语句不属于 Access 能够支持的数据库定义语句的是( )。

    A. CREATE TABLE   B. DROP

    C. ALTER TABLE   D. GROUP

19. ( )的 SELECT 语句不能定义联合查询或交叉表查询。

    A. 参数查询   B. 定义查询

    C. 传递查询   D. 子查询

20. 在 SQL 查询中,( )是指包含另一个选择或操作查询中的 SQL－SELECT 语句,可以在查询设计网格的**字段**行输入这些语句来定义新字段,或在**准则**行来定义字段的准则。

    A. 联合查询   B. 定义查询

    C. 传递查询   D. 子查询

21. 若要输出**读者表**中所有**性别**为**男**,并按**办证日期**降序排列的记录,应创建查询的 SQL 语句为( )。

    A. SELECT ＊ FROM 读者表 WHERE 性别 LIKE "男" ORDER BY 办证日期 DESC

    B. SELECT ＊ FROM 读者表 WHERE 性别 LIKE "男" ORDER BY 办证日期 ASC

    C. SELECT ＊ FROM 读者表 WHERE 性别 LIKE "男" GROUP BY 办证日期 ASC

    D. SELECT ＊ FROM 读者表 WHERE 性别 LIKE "男" GROUP BY 办证日期 DESC

22. 若要删除**读者表**中**姓名**为**张红**的记录,应使用的 SQL 语句为( )。

    A. DELETE ＊ FROM 读者表 WHILE 姓名 ＝ "张红"

    B. DELETE ＊ FROM 读者表 WHERE 姓名 ＝ "张红"

    C. DROP ＊ FROM 读者表 WHILE 姓名 ＝ "张红"

    D. DROP ＊ FROM 读者表 WHERE 姓名 ＝ "张红"

23. 用 SQL 语言实现数据操作功能,通常也称为创建( )。

    A. 连接查询   B. 选择查询

    C. 动作查询   D. 更新查询

24. 在 SQL 语句中,与表达式"仓库号 NOT IN("wh1","wh2")"功能相同的表达式是( )。

    A. 仓库号＝"wh1" AND 仓库号＝"wh2"

    B. 仓库号＝"wh1" OR 仓库号＝"wh2"

    C. 仓库号＜＞"wh1" OR 仓库号＜＞"wh2"

    D. 仓库号＜＞"wh1" AND 仓库号＜＞"wh2"

25. 在 SQL SELECT 语句中用于实现关系的选择运算的短语是( )。

    A. FOR   B. WHILE

    C. WHERE   D. CONDITION

26. 查询书名第一个字是"计"的图书信息,应该使用命令( )。

    A. SELECT * FROM 图书信息表 WHERE HEAD(书名,1)="计"

    B. SELECT * FROM 图书信息表 WHERE LEFT(书名,1)="计"

    C. SELECT * FROM 图书信息表 WHERE"计" $ 书名

    D. SELECT * FROM 图书信息表 WHERE RIGHT(书名,1)="计"

第(27)~(32)题使用如下数据:

    部门(部门号,部门名,负责人,电话)

    职工(部门号,职工号,姓名,性别,出生日期)

    工资(职工号,基本工资,津贴,奖金,扣除)

27. 查询职工实发工资的正确命令是( )。

    A. SELECT 姓名,(基本工资+津贴+奖金−扣除) AS 实发工资 FROM 工资

    B. SELECT 姓名,(基本工资+津贴+奖金−扣除) AS 实发工资 FROM 工资

        WHERE 职工. 职工号=工资. 职工号

    C. SELECT 姓名,(基本工资+津贴+奖金−扣除) AS 实发工资

        FROM 工资,职工 WHERE 职工. 职工号=工资. 职工号

    D. SELECT 姓名,(基本工资+津贴+奖金−扣除)AS 实发工资

        FROM 工资 JOIN 职工 WHERE 职工. 职工号=工资. 职工号

28. 查询 1962 年 10 月 27 日出生的职工信息的正确命令是( )。

    A. SELECT * FROM 职工 WHERE 出生日期=# 1962-10-27#

    B. SELECT * FROM 职工 WHERE 出生日期=1962-10-27

    C. SELECT * FROM 职工 WHERE 出生日期="1962-10-27 "

    D. SELECT * FROM 职工 WHERE 出生日期=("1962-10-27 ")

29. 查询每个部门年龄最长者的信息,要求得到的信息包括部门名和最长者的出生日期。正确的命令是( )。

    A. SELECT 部门名,MIN(出生日期) FROM 部门 JOIN 职工

        ON 部门. 部门号=职工. 部门号 GROUP BY 部门名

    B. SELECT 部门名,MAX(出生日期) FROM 部门 JOIN 职工

        ON 部门. 部门号=职工. 部门号 GROUP BY 部门名

    C. SELECT 部门名,MIN(出生日期) FROM 部门 JOIN 职工

        WHERE 部门. 部门号=职工. 部门号 GROUP BY 部门名

    D. SELECT 部门名,MAX(出生日期)FROM 部门 JOIN 职工

        WHERE 部门. 部门号=职工. 部门号 GROUP BY 部门名

30. 查询有 10 名以上(含 10 名)职工的部门信息(部门名和职工人数),并按职工人数降序排列。正确的命令是(　　)。

   A. SELECT 部门名,COUNT(职工号) AS 职工人数

       FROM 部门,职工 WHERE 部门.部门号=职工.部门号

       GROUP BY 部门名 HAVING COUNT(*)>=10

       ORDER BY COUNT(职工号) ASC

   B. SELECT 部门名,COUNT(职工号) AS 职工人数;

       FROM 部门,职工 WHERE 部门.部门号=职工.部门号

       GROUP BY 部门名 HAVING COUNT(*)>=10

       ORDER BY COUNT(职工号) DESC

   C. SELECT 部门名,COUNT(职工号) AS 职工人数

       FROM 部门,职工 WHERE 部门.部门号=职工.部门号

       GROUP BY 部门名 HAVING COUNT(*)>=10

       ORDER BY 职工人数 ASC

   D. SELECT 部门名,COUNT(职工号) AS 职工人数

       FROM 部门,职工 WHERE 部门.部门号=职工.部门号

       GROUP BY 部门名 HAVING COUNT(*)>=10

       ORDER BY 职工人数 DESC

31. 查询所有目前年龄在 35 岁以上(不含 35 岁)的职工信息(姓名、性别和年龄),正确的命令是(　　)。

   A. SELECT 姓名,性别,YEAR(DATE())－YEAR(出生日期) AS 年龄

       FROM 职工

       WHERE 年龄>35

   B. SELECT 姓名,性别,YEAR(DATE())－YEAR(出生日期) AS 年龄

       FROM 职工

       WHERE YEAR(出生日期)>35

   C. SELECT 姓名,性别,YEAR(DATE())－YEAR(出生日期) AS 年龄

       FROM 职工

       WHERE YEAR(DATE())－YEAR(出生日期)>35

   D. SELECT 姓名,性别,年龄=YEAR(DATE())－YEAR(出生日期) FROM 职工

       WHERE YEAR(DATE())－YEAR(出生日期)>35

32. 为**工资**表增加一个**实发工资**字段的正确命令是(　　)。

   A. CREATE TABLE 工资 ADD COLUMN 实发工资 SINGLE

   B. CREATE TABLE 工资 ADD FIELD 实发工资 SINGLE

C.　ALTER TABLE 工资 ADD COLUMN 实发工资 SINGLE

D.　ALTER TABLE 工资 ADD FIELD 实发工资 SINGLE

二、填空题

1.　在 SQL 语言中,插入数据可以使用_____语句。

2.　SQL 语言的数据定义功能主要包括_____、_____、_____数据表和建立、删除索引。

3.　在创建数据表的 SQL 语句中,_____表示被括的内容为必选项,不能为空;而_____表示被括的内容为可选项,可以为空。

4.　在 Access 中,利用 SQL 语言创建的查询主要有_____、_____和_____等。

5.　在 SQL 语句中,INTEGER 为_____,FLOAT 为_____。

6.　在使用 ALTER TABLE 修改表结构的语句格式中,_____子句用于增加新的列,_____子句用于删除指定的列。

7.　SQL 语言最主要的功能是_____功能,该功能是对已建立的数据表中的数据进行检索的操作。

8.　_____一般指单表查询,是对一个表进行的查询操作。

9.　在数据查询中,经常涉及提取两个或多个表的数据,宋完成综合数据的检索,因此,要用到_____操作来实现若干个表数据的查询。

10.　在 SQL 语言中,当一个查询是另一个查询的条件时,称为_____。

11.　_____可以将两个或两个以上的表或查询所对应的多个字段的记录合并为一个查询表中的记录。

参 考 答 案

一、选择题

1. C	2. D	3. A	4. C	5. B	6. A
7. D	8. B	9. B	10. D	11. B	12. D
13. C	14. C	15. B	16. B	17. C	18. D
19. D	20. D	21. A	22. B	23. C	24. D
25. C	26. B	27. C	28. A	29. A	30. D
31. C	32. C				

二、填空题

1.　INSERT
2.　创建;修改;删除
3.　<>;[ ]

4.　数据定义查询;数据操作查询;选择查询
5.　长整型;双精度型

6.　ADD;DROP
7.　数据查询
8.　简单查询

9.　连接
10.　嵌套查询
11.　联合查询

习题十　模块与 VBA 编程

一、选择题

1. 下列关于模块的说法中,错误的是( )。
    A. 模块基本上由声明、语句和过程构成
    B. 窗体和报表都属于类模块
    C. 类模块不能独立存在
    D. 标准模块包含通用过程和常用过程

2. 下列关于模块的说法中,错误的是( )。
    A. 有两种基本模块,一种是标准模块,另一种是类模块
    B. 窗体模块和报表模块都是类模块,它们各自与某一特定窗体或报表相关联
    C. 标准模块包含与任何其他对象都无关的常规过程,以及可以在数据库任何位置运行的经常使用的函数
    D. 标准模块与某个特定对象无关的类模块的主要区别在于其范围和生命周期

3. 下列关于过程的说法中,错误的是( )。
    A. 函数过程有返回值
    B. 子过程有返回值
    C. 函数声明使用 Function 语句,并以 End Function 语句作为结束
    D. 声明子程序以 Sub 关键字开头,并以 End Sub 语句作为结束

4. 关于 VBA 面向对象中的"事件",下列说法正确的是( )。
    A. 每个对象的事件都是不相同的
    B. 触发相同的事件,可以执行不同的事件过程
    C. 事件可以由程序员定义
    D. 事件都是由用户的操作触发的

5. 关于 VBA 面向对象中的"方法",下列说法正确的是( )。
    A. 方法是属于对象的　　　　　　　　　B. 方法是独立的实体
    C. 方法也可以由程序员定义　　　　　　D. 方法是对事件的响应

6. 下列代码中,( )可以使控件 TxtBox 获得焦点。
    A. set TxtBox. focus　　　　　　　　　B. set TxtBox. Focus＝True
    C. TxtBox. SetFocus　　　　　　　　　D. TxtBox. SetFocus＝True

7. 在 Access 中,模块可以分为( )种类型。
    A. 1　　　　　　　　　　　　　　　　B. 2

       C. T　　　　　　　　　　　　　D. T

8. 下列定义常量的语句,正确的是(　　)。

    A. Dim PI=3.1416　　　　　　B. Static PI=3.1416

    C. Const PI=3.1416　　　　　　D. Var PI=3.1416

9. VBA 中定义整数可以用类型标志(　　)。

    A. Date　　　　　　　　　　　B. Long

    C. Integer　　　　　　　　　　D. String

10. 在 VBA 编辑器中打开立即窗口的命令是(　　)。

    A. Ctrl+G　　　　　　　　　　B. Ctrl+V

    C. Ctrl+C　　　　　　　　　　D. Ctrl+R

11. 在 VBA 编辑器中,能够在中断模式下安排一些调试语句并显示其值变化的窗口
是(　　)。

    A. 本地窗口　　　　　　　　　B. 立即窗口

    C. 监视窗口　　　　　　　　　D. 快速监视

12. 声明子程序以(　　)关键字开头。

    A. Sub　　　　　　　　　　　B. End Sub

    C. Function　　　　　　　　　D. End Function

13. 标准模块和类模块的主要区别是(　　)。

    A. 只是作用范围　　　　　　　B. 只是生命周期

    C. 作用范围和生命周期　　　　D. 以上都不对

14. 函数过程不能用(　　)来调用执行。

    A. Dim　　　　　　　　　　　B. Main

    C. Public　　　　　　　　　　D. Call

15. 下列关于窗口事件的叙述中,正确的是(　　)。

    A. 当窗体已打开,但第一条记录未显示时,将触发 Close 事件

    B. 当窗体或报表被关闭并从屏幕删除时,将触发 Close 事件

    C. 窗体打开并且显示其中的记录时,将触发 Unload 事件

    D. Load 事件发生在窗体被关闭之后

16. 在窗体打开后,若窗体大小有更改,则发生(　　)事件。

    A. Open　　　　　　　　　　　B. Close

    C. Load　　　　　　　　　　　D. Resize

17. 当文本框或组合框的文本部分的内容更改时,将发生(　　)事件。

    A. Change　　　　　　　　　　B. Current

    C. GotFocus　　　　　　　　　D. LostFocus

18. 下列(　　)情况不需要使用 VBA 代码。

A. 创建用户自定义函数

B. 复杂程序处理

C. 添加字段

D. 使用 ActiveX 控件和其他应用程序对象

19. 在创建 Function 或 Sub 过程时,如果想在调用它们时为过程提供信息,可声明（　　）。

A. 程序　　　　　　　　　　　　　B. 语句

C. 方法　　　　　　　　　　　　　D. 参数

20. （　　）是 Visual Basic 程序设计的核心。

A. 对象　　　　　　　　　　　　　B. 属性

C. 事件　　　　　　　　　　　　　D. 方法

21. 已定义好有参函数 f(m),其中形参 m 是整型量,下面调用该函数,传递实参为 5,将返回的函数值赋给变量 t。以下正确的是（　　）。

A. t＝f(M)　　　　　　　　　　　B. t＝Callf(m)

C. t＝call(5)　　　　　　　　　　D. t＝f(5)

22. （　　）是代码执行期间不能被修改的数据占位符。

A. 变量　　　　　　　　　　　　　B. 常量

C. 数据类型　　　　　　　　　　　D. 数组

23. 变量和常量在过程中被声明,只能在该过程中使用,属于（　　）级别。

A. 过程　　　　　　　　　　　　　B. 私有模块级别

C. 仅有模块级别　　　　　　　　　D. 以上都不是

24. 下列（　　）语句可以成功地使用实际参数 m 和 n 调用含参过程 Age(a,b)。

A. Call Age(a,b)　　　　　　　　B. Call Age m,n

C. Age(m,n)　　　　　　　　　　D. Age(a,b)

二、填空题

1. 模块分为＿＿＿＿＿＿和＿＿＿＿＿＿两种类型。

2. 窗体模块和＿＿＿＿＿＿模块都是＿＿＿＿＿＿模块,它们各自与某一特定窗体或报表相关联。

3. 为控件对象指定变量名时,必须使用＿＿＿＿＿＿关键字。

4. 在 Access 中,过程可以分为＿＿＿＿＿＿和＿＿＿＿＿＿。

5. 在模块的说明区域中,用＿＿＿＿＿＿关键字声明的变量是模块范围的变量。

6. 报表和窗体类模块中的函数名＿＿＿＿＿＿(可以/不可以)和标准模块中的 Public 函数同名。

7. 变量的生存时间指变量从模块对象首次出现声明到＿＿＿＿＿＿的代码执行时间。

8. 参数传递有按地址和_____两种方法。

9. VBA 的运行机制是_____驱动的。

10. VBA 中的控制结构包括顺序结构、_____结构、_____结构。

11. 在进行打开、关闭或改变窗口大小操作时都引发窗口事件,其中具体的窗口事件有 Open、Load、_____、Close 以及_____。

12. 用户在键盘上输入或用 SendKeys 发送击键消息将触发键盘事件,其中具体的事件有 KeyPress、_____、_____。

13. 用户产生鼠标动作将触发鼠标事件,其中具体的事件有_____、_____、MouseDown、MouseUp、MouseMove。

14. 标准模块中的公共变量和公共过程具有_____。

15. 可以使用_____键添加断点。

16. 在 VBA 编辑器中,_____窗口能够显示所有在当前过程中的变量声明和变量值的信息。

17. VBA 中提供的三种数据库访问接口是 ODBC API、_____和_____。

18. _____是模块的组成单元,由 VBA 代码编写而成。

19. _____又称子过程,它是执行一项或一系列操作的过程,没有返回值。

20. _____又称函数过程。

21. 在窗体或报表的设计视图中,单击工具栏中的_____按钮可以进入相应的模块代码设计区域。

22. 窗体和报表模块通常都含有_____。

23. 窗体和报表模块中的过程可以调用_____中已经定义好的过程。

24. 其他类型数据转换为布尔型数据时,0 转换为_____,其他转换为_____。

25. 在数据库对象窗体中,单击_____菜单**宏**级联菜单中 **Visual Basic 编辑器**命令项即可启动 VBA 编辑器。

26. 直接在属性窗口中编辑对象的属性,属于对象属性的_____设置方法,在代码窗口中用 VBA 代码编辑对象的属性,属于对象属性的_____设置方法。

27. _____是指程序运行时值会发生变化的数据。

28. 有时在程序中需要多次使用常量,可以使用_____关键字为其定义一个符号常量来表示。

29. 变量或常量的_____决定代码可以在什么位置访问这些变量或常量。

30. _____事件只能应用于窗体、窗体节和窗体的控件上。

31. 当对象具有焦点时,按下或松开一个键时,会发生_____和_____事件。

32. 当用户在一个对象上按下然后释放鼠标键时,_____事件发生。

33. 当用户按下鼠标键时将发生_____事件,当用户释放鼠标键时将发生_____事件。

34. _____事件发生在窗体被关闭之后,在屏幕上删除之前。

35. 连接运算符有两个,它们是_____和_____。

36. Suml＝15 & 5,sum2＝15＋5,suml 的值是_____,sum2 的值是_____。

37. VBA 程序语句按照其功能不同分为_____和_____两大类型。

38. 执行语句中的_____结构是按照顺序依次执行。

39. 执行语句中的_____结构,也称选择结构。

40. _____语句可以实现重复执行一行或几行程序代码。

41. 在 VBA 中,打开窗体命令是_____。

42. 所有的参数传递给过程都是按_____的,除非有特别指定的别的方法。

43. 方法的实现过程是由_____设定好的,而事件过程代码由_____编写。

参 考 答 案

一、选择题

1. C	2. C	3. B	4. B	5. A	6. C
7. B	8. C	9. C	10. A	11. B	12. A
13. C	14. D	15. B	16. D	17. A	18. C
19. D	20. A	21. D	22. B	23. A	24. C

二、填空题

1. 类模块;标准模块	2. 报表;类	3. Set
4. 函数过程;子过程	5. Private	6. 可以
7. 消失	8. 按值	9. 事件
10. 分支;循环	11. Unload;Resize	12. KeyUp;KeyDown
13. Click;DbClick	14. 全局	15. F9
16. 本地	17. DAO;ADO	18. 过程
19. Sub 过程	20. Function 过程	21. 代码
22. 事件过程	23. 标准模块	24. False;True
25. 工具	26. 静态;动态	27. 变量
28. Const	29. 作用域	30. 键盘
31. KeyDown;KeyUp	32. Click	33. MouseDown;MouseUp
34. Unload	35. &;＋	36. 155;20
37. 声明语句;执行语句	38. 顺序	39. 分支
40. 循环	41. Docmd. OpenForm	42. 地址
43. 系统;用户		

附录 全国计算机等级考试二级 Access 考试大纲

公共基础知识部分

『基本要求』

1. 掌握算法的基本概念。
2. 掌握基本数据结构及其操作。
3. 掌握基本排序和查找算法。
4. 掌握逐步求精的结构化程序设计方法。
5. 掌握软件工程的基本方法,具有初步应用相关技术进行软件开发的能力。
6. 掌握数据的基本知识,了解关系数据库的设计。

『考试内容』

一、基本数据结构与算法

1. 算法的基本概念:算法复杂度的概念和意义(时间复杂度与空间复杂度)。
2. 数据结构的定义:数据的逻辑结构与存储结构;数据结构的图形表示;线性结构与非线性结构的概念。
3. 线性表的定义:线性表的顺序存储结构及其插入与删除运算。
4. 栈和队列的定义:栈和队列的顺序存储结构及其基本运算。
5. 线性单链表、双向链表与循环链表的结构及其基本运算。
6. 树的基本概念:二叉树的定义及其存储结构;二叉树的前序、中序和后序遍历。
7. 顺序查找与二分法查找算法:基本排序算法(交换类排序,选择类排序,插入类排序)。

二、程序设计基础

1. 程序设计方法与风格。
2. 结构化程序设计。
3. 面向对象的程序设计方法,对象,方法,属性及继承与多态性。

三、软件工程基础

1. 软件工程基本概念,软件生命周期概念,软件工具与软件开发环境。
2. 结构化分析方法,数据流图,数据字典,软件需求规格说明书。

3. 结构化设计方法,总体设计与详细设计。

4. 软件测试的方法,白盒测试与黑盒测试,测试用例设计,软件测试的实施,单元测试、集成测试和系统测试。

5. 程序的调试,静态调试与动态调试。

四、数据库设计基础

1. 数据库的基本概念:数据库,数据库管理系统,数据库系统。

2. 数据模型,实体联系模型及 E-R 图,从 E-R 图导出关系数据模型。

3. 关系代数运算,包括集合运算及选择、投影、连接运算,数据库规范化理论。

4. 数据库设计方法和步骤:需求分析、概念设计、逻辑设计和物理设计的相关策略。

『考试方式』

1. 公共基础的考试方式为笔试,与 Access 的笔试部分合为一张试卷。公共基础部分占全卷的 30 分。

2. 公共基础知识有 10 道选择题和 5 道填空题。

专业语言部分

『基本要求』

1. 具有数据库系统的基础知识。

2. 基本了解面向对象的概念。

3. 掌握关系数据库的基本原理。

4. 掌握数据库程序设计方法。

5. 能使用 Access 建立一个小型数据库应用系统。

『考试内容』

一、数据库基础知识

1. 基本概念:数据库,数据模型,数据库管理系统,类和对象,事件。

2. 关系数据库基本概念:关系模型(实体完整性,参照完整性,用户定义完整性),关系模式,关系,元组,属性,字段,域,值,主关键字等。

3. 关系运算基本概念:选择运算,投影运算,连接运算。

4. SQL 基本命令：查询命令，操作命令。

5. Access 系统简介：①Access 系统的基本特点；②基本对象——表、查询、窗体、报表、页、宏、模块。

二、数据库和表的基本操作

1. 创建数据库：①创建空数据库；②使用向导创建数据库。

2. 表的建立：①建立表结构——使用向导、使用表设计器、使用数据表；②设置字段属性；③输入数据——直接输入数据、获取外部数据。

3. 表间关系的建立与修改：①表间关系的概念——一对一，一对多；②建立表间关系；③设置参照完整性。

4. 表的维护：①修改表结构——添加字段、修改字段、删除字段、重新设置主关键字；②编辑表内容——添加记录、修改记录、删除记录、复制记录；③调整表外观。

5. 表的其他操作：①查找数据；②替换数据；③排序记录；④筛选记录。

三、查询的基本操作

1. 查询分类：①选择查询；②参数查询；③交叉表查询；④操作查询；⑤SQL 查询。

2. 查询准则：①运算符；②函数；③表达式。

3. 创建查询：①使用向导创建查询；②使用设计器创建查询；③在查询中计算。

4. 操作已创建的查询：①运行已创建的查询；②编辑查询中的字段；③编辑查询中的数据源；④排序查询的结果。

四、窗体的基本操作

1. 窗体分类：①纵栏式窗体；②表格式窗体；③主/子窗体；④数据表窗体；⑤图表窗体；⑥数据透视表窗体。

2. 创建窗体：①使用向导创建窗体；②使用设计器创建窗体——控件的含义及种类、在窗体中添加和修改控件、设置控件的常见属性。

五、报表的基本操作

1. 报表分类：①纵栏式报表；②表格式报表；③图表报表；④标签报表。

2. 使用向导创建报表。

3. 使用设计器编辑报表。

4. 在报表中计算和汇总。

六、页的基本操作

1. 数据访问页的概念。

2. 创建数据访问页:①自动创建数据访问页。②使用向导数据访问页。

七、宏

1. 宏的基本概念。

2. 宏的基本操作:①创建宏——创建一个宏、创建宏组;②运行宏;③在宏中使用条件;④设置宏操作参数;⑤常用的宏操作。

八、模块

1. 模块的基本概念:①类模块;②标准模块;③将宏转换为模块。

2. 创建模块:①创建 VBA 模块——在模块中加入过程、在模块中执行宏;②编写事件过程——键盘事件、鼠标事件、窗口事件、操作事件、其他事件。

3. 过程调用和参数传递。

4. VBA 程序设计基础:①面向对象程序设计的基本概念;②VBA 编程环境——进入 VBE、VBE 界面;③VBA 编程基础——常量、变量、表达式;④VBA 程序流程控制——顺序控制、选择控制、循环控制;⑤VBA 程序的调试——设置断点、单步跟踪、设置监视点。

『考试方式』

1. 笔试:90 分钟。

2. 上机操作:90 分钟,包括:①基本操作;②简单应用;③综合应用 85,127—146